École du pain

Master Class

제레미 볼레스터
Jérémy Ballester

어린 시절부터 베이커리에 열정이 있었던 제레미 볼레스터는 15살에 리옹의 '레 콩파뇽 뒤 드부아(Les Compagnons du Devoir, 기술장인이 되고자 하는 이들을 지원하는 프랑스의 민간 교육기관)'에서 본격적으로 제빵을 시작했다. 리옹에서 2년간 수련한 뒤, 다양한 빵과 새로운 테크닉에 대한 열망은 그를 파리, 벨기에, 노르웨이, 영국 등 유럽 각국의 다양한 나라를 오가며 제빵에 대한 호기심을 자극하도록 이끌었다. 유럽에서의 풍부한 경험 뒤 그는 유럽 밖으로 떠날 것을 결심했고 뉴질랜드, 두바이를 거쳐 마침내 2013년 한국에 정착했다.

그 후 여러 나라에서 보고 배웠던 다양한 제빵 노하우를 사람들과 공유할 필요성을 느낀 그는 2014년 SPC 컬리너리 아카데미의 프랑스 제빵 프로그램 강사로 활동한다. 그리고 얼마 지나지 않아 이 일이 자신의 천직임을 깨닫고 자연스럽게 2021년, 아내와 함께 제빵 강습소 '에꼴듀빵(Ecole Du Pain)'을 열게 된다. 초보자에서부터 전문가에 이르기까지 다양한 수준의 수강생들을 위한 맞춤 교육 프로그램을 만들기 위해 자신의 모든 경험과 시간을 아낌없이 쏟아 붓는다. 그 결과, 에꼴듀빵은 현재 한국인은 물론 외국인 학생을 위한 온라인 및 현장 수업으로도 명성을 얻고 있다.

『이렇게 맛있는 시리즈』와 『비에누아즈리에 관한 위대한 책(Le Grand Livre de la Viennoiserie』의 공동 저자로 책을 출간한 바 있으며 현재는 인도네시아, 말레이시아, 태국, 중국 등 해외 출강 및 베이커리 컨설턴트로도 활발히 활동하고 있다. 사랑스러운 태오와 레아 두 자녀를 둔 그는 항상 아이들에게 자랑스러운 아빠이자 제빵사가 되고 싶다.

École du pain
Master Class

제레미 볼레스터 지음

BnCworld

Prologue

『에꼴듀빵 마스터클래스』는 제가 20여 년간 제빵업계에서 일하면서 경험했던 수많은 테스트와 그에 따른 수많은 실패, 그리고 약간의 성공에 대한 결과물이라 할 수 있습니다. 하나의 완벽한 빵을 만들기 위해서는 셀 수 없이 많은 실패를 겪어야 하고, 그런 점에서 제빵은 늘 저에게 겸손함을 가르칩니다.

이 책은 여러분에게 재료가 제빵에 어떤 영향을 끼치는지, 여러 가지 제법과 각 과정은 빵 반죽과 완제품에 어떠한 영향을 미치는지에 대한 통찰력을 제공해 줄 것입니다. 또 이 책에서 제안하는 클래식 레시피나 새로 만든 독창적인 레시피는 제빵에 대한 독자 여러분의 흥미를 끌어올려 줄 것입니다.

베이킹에 열정이 있는 초보자는 물론, 이미 업계에서 활약하고 있는 전문 셰프님들도 이 책을 통해 더 나은 제빵사가 되는 길에 도움이 될 수 있는 디테일을 얻었으면 하는 바람입니다.

이 책을 출판할 수 있는 기회를 갖게 되어 너무 행복합니다. 제빵에 대한 값진 지식과 무조건적인 지원, 소중한 도움을 주신 많은 분들께 감사의 인사를 전하고 싶습니다.

우선, 매일 저의 작업을 지지해 준 사랑하는 아내와 아이들에게 감사의 인사를 전합니다.

에꼴듀빵의 모든 직원 여러분, 함께 일할 수 있어 매우 기쁘고 여러분의 노고에 감사하다는 말로는 제 마음을 다 표현하기 부족합니다.

제가 한국에 있는 동안 가르쳤던 모든 수강생들, 다양한 제자들을 만날 수 있어서 참 행운이었습니다.

제빵업계에 종사하면서 베이커리에 대해 많은 것을 가르쳐 주었던 모든 인연에 감사를 드립니다.

그리고 마지막으로 『에꼴듀빵 마스터클래스』를 출판하는 데 믿음과 아낌없는 지원을 해 준 비앤씨월드에도 이 자리를 빌려 고마움을 전합니다.

끝으로, 제가 이 책을 쓰면서 느꼈던 즐거움을 독자 여러분도 경험하시길 희망합니다. 완벽하진 않을 수 있지만, 이 책에 저의 모든 애정과 제가 지금까지 쌓아온 모든 제빵 지식을 아낌없이 공개했습니다. 이 모든 것을 독자들과 나눌 수 있어 무척 행복합니다.

감사합니다.

제레미 볼레스터
Jérémy Ballester

Contents

PART 1
빵 만들기 전 알아 두면 좋은 기초 이론

①
재료의 역할 *Ingrédients*

②
제빵의 과정 *Méthode de Travail*

PART 2
마스터클래스 레시피

③
세계 각국의 빵 *Pain du Monde*

PART 1
Base Theory
to Know Before Making Bread

빵 만들기 전 알아 두면 좋은 기초 이론

Chapter 1

재료의 역할

밀가루

밀가루는 빵의 주재료입니다. 제빵에는 대부분 밀을 제분해 만든 밀가루를 사용하지만 때로는 호밀 가루, 쌀가루, 메밀가루와 같이 다른 종류의 곡물을 제분해 만든 가루를 사용하기도 합니다. 이 장에서는 프랑스밀가루(T65)를 기준으로 밀가루를 이루고 있는 다양한 성분을 살펴보고 밀가루의 분류에 대해 자세히 알아보도록 하겠습니다.

**밀가루의
구성 성분**

전분 [밀 중량의 65~70%]

전분은 밀가루의 주성분으로, 복합당(탄수화물)이라고도 합니다. 수천 개의 포도당(단순당)이 축합반응을 일으키면서 길고 복합적인 사슬을 형성하고, 이것이 층을 이루면서 전분 입자를 만듭니다.

전분은 제빵에서 다양한 역할을 합니다. 첫 번째 역할은 이스트(효모)의 주요 에너지원으로 사용되어 발효에 필요한 당을 공급하는 것입니다. 하지만 전분의 원형 그대로는 이스트의 먹이(영양분)가 될 수 없습니다. 이스트가 전분을 이용할 수 있도록 더 작은 당으로 변환돼야 하지요. 그래서 발효 중 효소(아밀라아제)가 약 3~5%의 전분을 포도당으로 변환시켜 이스트에 공급합니다.

한편, 밀가루의 제분 과정에서 롤러에 의해 밀알이 분쇄될 때 압력과 마찰열로 인해 전분 입자가 충격을 받아 전분의 일부(약 15~20%)가 불완전한 구조로 바뀝니다. 이렇게 사슬 구조가 무너져 있는 상태의 전분을 손상 전분이라 합니다. 손상 전분은 효소 작용을 쉽게 받아 발효 초기부터 이스트의 주요 에너지원으로 쓰이기 좋습니다. 또한 손상 전분은 흡수력이 커, 약 33%의 물만 흡수하는 정상 전분에 비해 더 많은 물(약 100%)을 흡수할 수 있습니다. 특히 맷돌로 분쇄한 밀가루의 경우 손상 전분의 양이 더욱 많은 특징이 있지요. 그러나 밀가루 안에 손상 전분이 너무 많으면 빵 반죽의 점탄성이 떨어져 반죽에 힘이 없고, 완제품도 쉽게 부스러져 식감이 좋지 않습니다.

두 번째 역할은 빵의 질감을 만드는 것입니다. 전분은 55℃부터 호화되기 시작해 60℃를 넘으면 열에너지에 의해 규칙적인 사슬 구조가 부분적으로 끊어져 느슨해집니다. 이때 그 틈으로 반죽 속의 수분이 침투해 반죽이 팽창합니다. 70~75℃가 되면 전분 입자가 글루텐 막 속의 수분을 빼앗아 호화되면서 젤(gel)화되기 시작합니다. 이후 85℃ 이상으로 온도가 오르면 보통 전분 구조가 완전히 붕괴되며 점도가 최고점에 이르게 되지만, 빵 반죽은 전분이 완전히 호화되기에는 수분의 양이 부족합니다. 따라서 전분 입자가 모두 붕괴되지 못하고 어느 정도 입자가 남아 있는 반고체 형태로 변합니다. 전분의 호화가 끝나면 반죽이 빵으로 바뀌고 더 이상 부피가 늘어나지 않게 됩니다. 즉, 전분은 변성돼 굳어진 글루텐과 함께 빵의 내부 구조를 형성하는 역할을 한다고 볼 수 있습니다.

참고로 호화 온도는 밀가루의 종류, 성분, 제법, 농도 등에 따라 달라집니다. 레시피에 버터 등의 재료를 첨가하면 전분의 호화 온도가 높아져 반죽이 더 많이 팽창하게 됩니다. 즉 빵의 부피가 더욱 커지게 됩니다.

단백질(글루텐) [밀 중량의 11~12%]

단백질은 베이킹 과정에서 매우 중요한 역할을 하는 성분으로 많은 나라에서 단백질 함량을 기준으로 밀가루를 구분하고 있습니다. 밀가루의 단백질은 반죽을 형성하는 글루텐 단백질(글리아딘, 글루테닌) 85%와 반죽을 형성하지 않는 비글루텐 단백질(알부민, 글로불린, 펩티드, 아미노산) 15%로 나뉩니다. 밀가루를 물과 혼합하면 글리아딘과 글루테닌이 결합하면서 글루텐 단백질을 만듭니다. 이 글루텐 단백질이 그물망 구조를 이뤄 빵의 발효나 굽기 과정에서 생기는 가스를 반죽 속에 보유하면서 반죽이 팽창할 때 늘어나게 됩니다. 이렇게 반죽의 부피가 늘어나면서 빵의 부피가 결정되는 것이지요. 때문에 일반적으로 단백질의 함량과 빵의 부피는 직접적인 관계가 있다고 볼 수 있습니다.

이러한 글루텐의 그물망 구조는 반죽하는 과정에서 가장 많이 만들어집니다. 밀가루와 물을 함께 혼합하고 치대면 반죽 속에 매우 얇고 촘촘한 글루텐 그물망이 형성됩니다. 이밖에도 발효 사이에 펀치(Punch) 작업을 통해 반죽 속 불필요한 가스를 빼고 산소를 넣어줌으로써 글루텐의 그물망 구조를 조밀하게 강화할 수 있습니다.

한편, 글루텐 단백질 중 글리아딘은 응집성, 신장성에 관여해 빵의 부피를 결정하고, 글루테닌은 탄성(탄력성)에 관여해 믹싱 시간 및 반죽 형성 시간에 영향을 미칩니다. 반죽의 강도는 반죽 속에 형성된 글루텐 단백질의 점탄성에 따라 결정되며, 제빵의 모든 단계(믹싱, 발효, 성형 등)는 이 글루텐 단백질의 질과 비율에 영향을 미칩니다.

또한 단백질은 물과 친화력이 좋아 자기 무게의 3배에 달하는 물을 흡수합니다. 따라서 밀가루에 단백질이 많을수록 더 많은 물을 흡수할 수 있습니다.

빵 반죽을 굽는 과정에서 글루텐 단백질은 60℃ 전후에서 열에 의해 변성하기 시작하며 글루텐 단백질에 있던 수분이 전분 입자에 흡수돼 호화에 사용됩니다. 75℃부터는 열에 의해 글루텐 단백질이 굳어져 단단해지고 80℃이상에서는 완전히 굳어 빵은 더 이상 부풀지 않습니다.

수분 [16% 미만]

밀가루의 수분 함량은 대기의 습도 또는 저장 조건에 따라 변하지만 보통 16% 미만으로 유지됩니다. 이보다 수분량이 많게 되면 밀가루의 저장성에 문제가 발생할 수 있을 뿐만 아니라 경제적인 손실도 가져올 수 있습니다. 밀가루는 수분 함량이 적을수록 제빵 과정에서 물을 더 많이 흡수할 수 있습니다.

단순당 [1~2%]

밀가루에는 전분뿐만 아니라 포도당, 과당, 자당, 맥아당 및 올리고당 등과 같은 단순당류도 포함돼 있습니다. 이 단순당류의 구조는 보통 한 분자 또는 두 분자로 묶여 있어 전분만큼 복합적인 구조를 지니지 않습니다. 발효를 위한 이스트의 먹이로 매우 빠르게 사용될 수 있기 때문에 발효 초기에 이들의 역할이 매우 중요합니다.

지질 [1.2~1.5%]

지방질은 시간이 지나면서 지방 분해 효소의 작용을 받아 분해되거나 산소에 의해 산화돼 밀가루의 보존에 영향을 미칩니다. 따라서 표준 제분 공정에서는 밀가루의 지방량을 제한하기 위해 밀에서 지방질을 가장 많이 함유하고 있는 배아를 제거해 생산합니다. 등급이 낮은 밀가루나 맷돌로 제분한 밀가루는 지방 함량이 높아 밀가루의 저장 기간이 짧습니다.

무기질 [0.62~0.75%]

무기질은 쉽게 말해 회분을 의미합니다. 회분이란 식품에 있는 불연성 광물질로 고온을 가했을 때 재가 되어 남는 물질입니다. 회분에는 칼슘, 마그네슘, 나트륨, 칼륨, 철 등의 무기질이 들어 있습니다. 대부분 이 무기질은 밀의 배유 중심보다는 껍질과 가까운 부분에 많이 존재합니다. 무기질은 제빵 과정에 직접적인 영향을 미치지는 않지만 영양, 풍미 측면에서 중요한 역할을 합니다. 프랑스에서는 밀가루에 함유된 무기질의 양, 즉 회분의 양에 따라 밀가루를 분류합니다. 회분 함량이 적을수록 밀가루가 더 정제된 상태이며 색이 흰색에 가깝고 입자가 곱습니다. 예를 들어 통밀 가루(T150)는 T65 밀가루보다 훨씬 많은 양의 회분(1.5% 이상)을 함유하고 있습니다. 이는 밀가루 제분 과정에서 밀기울을 포함한 밀 전부를 사용하기 때문입니다.

효소

밀가루에는 전분, 단백질, 지질과 같은 다양한 성분이 존재하며 이에 대응해 각각 다른 임무를 수행하는 여러 유형의 효소가 있습니다. 효소는 제빵 과정에서 모든 화학 반응을 촉진하기 때문에 필수적입니다. 효소는 물과 만나 활성화되며 대부분 80℃에 도달하면 죽습니다. 밀가루 속 효소(특히 아밀라아제)의 양은 밀의 종류에 따라 달라지며 부족하거나 과도한 양의 효소는 제빵 과정에 나쁜 영향을 미칩니다.

전분을 분해하는 효소로는 α-아밀라아제와 β-아밀라아제, 단백질 분해 효소로는 프로테아제와 디펩티다아제, 지질 분해 효소로는 리파아제 등이 존재합니다.

프랑스밀가루의 분류

프랑스에서는 밀가루를 연소시킨 다음 남는 재(회분)의 함량에 따라 밀가루를 분류합니다. 회분을 측정하는 방법은 550~600℃ 화로에서 밀가루 시료 3~5g을 4~6시간 태운 뒤 식히고 남은 재의 무게를 시료 무게로 나누어 %로 표시합니다.

T45

무기질(회분) 함량
0.5% 미만

제과 또는 비에누아즈리 제품을 만들 때 사용

T55

무기질(회분) 함량
0.5~0.6%

제빵 또는 비에누아즈리 제품을 만들 때 사용

T65

무기질(회분) 함량
0.62~0.75%

제빵에 사용

밀은 종류와 수확 시기에 따라 단백질의 양과 질이 달라집니다. 이 밀가루 분류 예시는 다양한 밀가루의 사용법을 이해하는 데 도움을 주지만 이것만으로는 각 밀가루의 단백질을 비롯한 기타 성분의 함량을 정확히 알 수 없습니다. 따라서 빵을 만들기 전 사용하고자 하는 밀가루의 성분표를 꼼꼼히 살펴보고 만들고자 하는 제품의 특성에 맞는 밀가루를 사용하도록 합니다

T80~T110

무기질(회분) 함량
T80 - 0.75~0.9%, T110 - 1~1.2% 초과

사워도 빵이나 다른 밀가루와 섞어
캉파뉴를 만들 때 사용

T150(통밀 가루)

무기질(회분) 함량
1.5% 이상

사워도 빵이나 다른 밀가루와 섞어
캉파뉴를 만들 때 사용

T130(호밀 가루)

무기질(회분) 함량
1.2~1.5%

사워도 빵, 호밀빵 등을 만들 때 사용

프랑스밀가루
명칭

* 밀가루의 강도(W)

W란 밀가루의 강도를 나타내는 값으로, 반죽의 일부를 쇼팽사(社)의 알베오그래프라는 기계장치에 넣은 다음 압력을 가해 터질 때까지 부풀려 얻은 숫자를 말합니다. W값이 높을수록 빵의 볼륨이 커집니다. 그러나 W값이 낮거나 높다고 꼭 좋은 것은 아니며, 제품에 맞는 밀가루를 선택해야 합니다. 일반적으로 W값이 180이하면 제과에, W값이 180~220이면 하드브레드에, 220이상이면 비에누아즈리에 적합합니다.

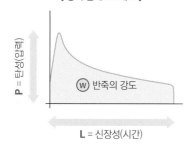

[빵의 알베오그래프]

P = 안정성(높이)

W 반죽의 강도

L = 신장성(시간)

그뤼오 밀가루(Farine de Gruau)

그뤼오 밀가루는 프랑스어로 '고운 밀가루'를 뜻하는데, T45 또는 T55 밀가루에 이 이름이 붙습니다. 단백질 함량은 T45와 T55 밀가루 모두 12% 이상이며 *W값이 220 이상으로 풍부한 글루텐을 함유해 비에누아즈리를 만드는 데 적합합니다.

쿠랑트 밀가루(Farine Courante)

가장 많이 사용되는 일반 밀가루로 밀글루텐, 비타민C, 사워도 가루 또는 이스트 등 각종 첨가물이 함유된 밀가루입니다. 주로 T45, T55의 형태로 생산되며 글루텐 함량이 10~13% 사이로 각종 빵과 제과에 무난하게 사용할 수 있습니다.

프랑스 전통 밀가루(Farine de Tradition Français)

프랑스 전통 밀가루는 프랑스 법에 따라 엄격하게 만들어지는 밀가루로, 최고 품질의 밀을 사용해 어떠한 첨가물도 넣지 않고 만든 밀가루에 붙는 이름입니다. '프랑스 전통 밀가루'라는 명칭은 '프랑스 전통 빵'이라는 명칭과 더불어 1993년 9월 13일부터 제정된 빵에 관한 법령에 의해 규제되고 있습니다. 화학적 첨가물을 일절 포함할 수 없으나 콩가루, 대두분말, 맥아분, 글루텐, 곰팡이아밀라아제의 첨가는 일부 허용됩니다. 주로 T55, T65의 형태로 생산돼 전통 바게트, 캉파뉴 등 프랑스 전통빵을 만드는 데 사용합니다.

스톤 밀가루(Farine de Meule)

옛날 제분 방식인 맷돌로 밀을 제분해 만든 밀가루입니다. 통밀을 맷돌로 갈아 만들기 때문에 밀알의 배아에 있는 지방 성분과 비타민이 밀가루에 훨씬 많이 함유되게 됩니다. 스톤 밀가루는 지방 함량이 높아 산패가 잘 일어나고 그로 인해 유통기한이 짧지만, 영양가가 풍부하고 수분 흡수율이 높아 완제품에 독특한 풍미를 낼 수 있습니다. 보통 T80, T110, T150과 같은 밀가루를 제조할 때 맷돌 제분 방식이 사용되며 때론 호밀 가루(T130)도 이 방식을 통해 제분하기도 합니다.

그뤼오 밀가루

쿠랑트 밀가루

프랑스 전통 밀가루

스톤 밀가루

물

물은 제빵에서 반죽의 물리적 특성뿐만 아니라 완제품에도 큰 영향을 미치는 요소입니다. 빵을 만드는 재료 중 밀가루 다음으로 양이 많으며 완성된 빵에서도 약 40%를 차지합니다.

물의 역할

용매로서의 역할

설탕, 소금, 분유, 이스트, 밀가루 등 수용성 성분을 녹여 이를 반죽에 고루 분산시키고 효모의 먹이로 쓰이게 해 발효를 돕습니다.

화학 반응 활성화

물이 있으면 모든 효소가 활성화되고 화학 반응이 일어나기 시작합니다. 이스트는 습한 환경에서 매우 활발해지므로 많은 양의 물은 발효를 촉진합니다.

글루텐의 형성

밀가루에 물을 넣고 반죽을 하다 보면 글리아딘과 글루테닌이 결합하면서 글루텐 단백질을 만듭니다. 글루텐은 반죽 속에 그물망 구조를 형성해 탄산 가스를 가두게 되고, 굽는 과정에서 열에 의해 변성돼 반죽의 뼈대를 이룹니다. 글루텐은 자기 무게의 3배에 해당하는 물을 흡수할 수 있습니다.

모든 단백질이 글루텐으로 변하는 것은 아니며, 일부 단백질은 물에 의해 용해됩니다.

반죽의 강도

물의 양에 따라 반죽의 탄성과 신장성이 달라집니다. 반죽에 물을 더 많이 넣을수록 반죽은 더 잘 늘어납니다.

전분의 호화

굽기 과정에서 글루텐으로부터 물을 흡수한 전분 입자가 호화되면서 빵의 조직을 형성합니다. 전분 입자는 자기 무게의 33% 물을 흡수하며 손상 전분은 자기 중량의 1배의 물을 흡수할 수 있습니다.

유통기한

물의 양에 따라 빵의 유통기한이 달라집니다. 물의 양이 많으면 촉촉함이 오래 유지되고 유통기한이 늘어납니다. 매우 적은 양의 물 또한 제빵 과정에서 모든 화학 반응을 늦춰 결과적으로 완제품의 유통기한을 늘릴 수 있습니다.

크러스트(겉껍질)의 두께

레시피에 물의 비율이 높으면 빵에 매우 얇은 겉껍질이 형성됩니다.

반죽에 알맞은 물의 비율 찾기

물은 제빵 과정에서 다양한 역할을 하는 중요한 요소입니다. 하지만 반죽을 만들 때 물의 적절한 비율을 찾기란 매우 어렵습니다. 레시피에서 물의 양을 정할 때 다음의 요인들을 고려해 배합표를 완성해 보세요.

사용된 밀가루의 종류

밀가루 종류(단백질의 양, 손상 전분의 양, 밀기울의 존재 여부)에 따라 밀가루의 수분 흡수율은 상당히 달라집니다. 예를 들어, 맷돌로 제분한 스톤 밀가루는 손상 전분이 많아 물을 더 많이 흡수합니다. 또한 밀가루의 단백질 함량이 낮을수록 물을 덜 흡수하기 때문에 사용하고자 하는 밀가루의 성분표를 꼼꼼히 살펴 보고 수분량을 조절하는 것이 좋습니다.

레시피

레시피에서 정한 물의 양 외에 반죽에 첨가하는 재료에 따라 수분의 양을 조절해야 합니다. 물에 잘 녹는 성질을 가진 설탕이 많이 들어가는 반죽의 경우, 반죽에 들어가는 물에 설탕이 녹으면서 그만큼 양이 늘기 때문에 물의 양을 줄여야 합니다. 반대로 코코아 파우더, 호두, 헤이즐넛과 같은 건조 재료를 넣는다면 물을 더 추가해 반죽 속의 수분량을 맞추고 반죽의 탄성과 신장성 사이의 적절한 균형을 유지해야 합니다. 한편 반죽에 사용하는 발효종에 따라서도 물의 양을 조정해야 합니다. 스티프 사워도와 같은 되직한 반죽 형태의 종을 넣을 경우에는 물의 양을 늘리고 리퀴드 사워도와 같이 묽은 형태의 종을 넣을 경우에는 물의 양을 줄여야 합니다.

발효 방법

반죽에서 수분의 비율에 영향을 미치는 또 다른 요인은 반죽을 발효시키는 방법입니다. 반죽을 발효시키는 방법에 따라 다음의 표를 참고해 물의 양을 조절해야 합니다.

발효법	물의 양	이유
스트레이트법	⊕	1차 발효 시간이 상대적으로 짧기 때문에 오버나이트법만큼 많은 물을 넣을 수 없습니다.
1차 저온 숙성법	⊕⊕	1차 발효 시간이 길어 반죽의 힘이 더 강해지기 때문에 물을 더 넣어 반죽의 탄성을 적절하게 조절해야 합니다.
2차 저온 숙성법	⊖	성형한 반죽을 냉장고에서 하룻밤 동안 발효시키는 과정에서 반죽의 힘이 약해지므로 수분 함량을 줄여야 합니다. 단, 반죽의 모양을 유지해 주는 틀이나 몰드, 반통 등을 사용할 경우 물의 양을 조절하지 않아도 됩니다.
냉동 반죽	⊖⊖	2차 발효를 시작하기 전에 반죽을 냉동고에 넣어 두었다면, 해동 과정에서 반죽의 힘이 약해지기 때문에 수분 함량을 줄여야 합니다.

빵을 만들 때 좋은 결과를 얻으려면 반죽의 탄력성과 신장성의 균형이 잘 맞도록 물의 양을 조절해야 한다는 것을 명심하세요.

소금

소금은 항산화 물질로서 글루텐의 탄성을 강하게 하는 성질을 가지고 있습니다. 소금은 물을 반죽 속으로 끌어들여 반죽 전체 조직을 잘 연결시키고 더 탄탄한 상태로 만들어 반죽의 강도를 높여 줍니다. 반면 소금을 넣지 않은 반죽은 발효되는 동안 반죽이 늘어지고 끈적끈적해집니다. 단, 소금 또한 방부제이기 때문에 제빵 과정에서 일어나는 모든 화학 반응(효소 활성, 발효 등)을 늦춰 빵이 잘 부풀지 않으므로 소금의 첨가량은 밀가루 대비 1~2% 정도가 알맞습니다. 소금을 첨가하는 방식에 따라 다음과 같은 결과물의 차이를 보입니다.

믹싱 초반에 넣는 방법

소금을 처음부터 넣고 믹싱하면 반죽이 과도하게 산화되는 것을 방지할 수 있습니다. 이로 인해 글루텐의 그물망 구조가 발달하는 데 시간이 더 걸리지만 크럼(빵속)의 색상이 좋아지고 더 나은 풍미를 얻을 수 있습니다.

믹싱 마지막 단계에 넣는 방법(후염법)

빵의 믹싱 시간이 단축되고 매우 잘 구조화된 글루텐을 얻을 수 있습니다. 단, 반죽에 소금이 고루 섞이는 데 시간이 걸리므로 이 방법을 사용할 때는 입자가 고운 소금을 사용하는 것이 좋습니다. 마지막 단계에 소금을 넣으면 크럼의 색이 더 하얗게 됩니다.

반죽에서의 역할

소금은 오븐에서 구워지는 동안 먹음직스러운 구움색과 더 얇은 크러스트를 만드는 데 도움을 줍니다. 더욱이 이를 효과적으로 사용하면 반죽에서 발생할 수 있는 이취가 제거되고 풍미를 개선시킬 수 있습니다.

빵에서의 역할

이스트(효모)

이스트는 빵을 만들 때 발효를 촉진하기 위해 사용합니다. 이스트는 공기, 흙, 수액, 바닷물, 과일의 껍질, 우유, 밀가루 등에 생식하는 미생물로 자연계에 다양한 형태로 존재합니다. 이처럼 자연계에 존재하는 이스트를 야생 이스트(또는 천연 효모)라 하고, 자연계에 존재하는 이스트를 분리해 제빵에 적합하게 배양·생산한 효모를 상업용 이스트라 구분합니다. 간혹 상업용 이스트가 인공적으로 만든 것이기 때문에 '몸에 좋지 않을 것'이라는 편견이 있는데, 상업용 이스트 또한 자연에서 유래한 것입니다

이스트는 현재 알려진 것만 해도 수천 종에 이르는데 맥주, 간장, 와인 등 다양한 식품을 만드는 데 널리 사용되고 있습니다. 이 중 빵을 만들 때 주로 사용하는 이스트는 '사카로미세스 세레비시아(Saccharomyces Cerevisiae)'라고 불리는 빵 이스트로, 상업용 이스트는 이것을 배양해 만든 것입니다. 상업용 이스트는 발효력이 매우 높고 사용하기 간편하며 안정적으로 빵을 만들 수 있다는 장점이 있습니다. 한편, 캄파뉴, 바게트, 호밀빵 등 프랑스 전통빵을 만들 때는 상업용 이스트 대신 야생 이스트(천연 효모)를 자가 배양해 천연 발효종을 만들어 사용합니다. 천연 발효종을 사용하는 이유는 상업용 이스트에는 없는 특유의 풍부한 발효 향과 산미, 식감을 낼 수 있기 때문입니다.

이스트의
역할

이스트에는 프로티아제, 리파아제, 인베르타아제, 말타아제, 치마아제라는 효소가 존재합니다. 이들은 각각 단백질, 지방, 자당, 맥아당, 포도당을 분해하는데 이중 빵 발효와 직접적인 연관이 있는 것이 바로 치마아제입니다. 당을 분해하는 효소의 복합물인 치마아제는 알코올 발효를 통해 단당류를 알코올과 이산화탄소(탄산 가스)로 분해합니다. 이 가스들은 빵 반죽의 발효 과정에서 반죽 안의 글루텐 망에 보존되어 빵을 부풀게 합니다. 또 알코올 발효를 통해 만들어진 알코올과 유기산 등은 반죽을 잘 늘어나게 하고 반죽의 숙성 및 발효 향과 산미 등에 영향을 미칩니다.

이스트의 활동에
영향을 미치는 요소

사용량

당연히 사용하는 이스트의 양에 따라 이스트 활동 속도가 결정됩니다. 하지만 이밖에도 포도당, 과당 등 발효에 사용할 수 있는 단순당의 양도 영향을 미칩니다.

효소의 활동

이스트 속의 효소 외에도 밀가루 속에 존재하는 효소 역시 중요합니다. 효소, 특히 아밀라이제가 풍부한 밀가루는 먼저 아밀라아제가 전분을 덱스트린에서 맥아당으로 분해하고, 이스트의 말타아제 효소가 최종적으로 맥아당을 포도당으로 분해해 발효 속도를 높입니다. 즉, 아밀라아제 효소가 풍부한 밀가루는 이스트의 활동을 촉진하는 단순당을 더 많이 생성한다고 볼 수 있지요. 이처럼 밀가루 속 효소도 이스트의 활동 및 발효에 중요한 역할을 하기 때문에 '해그베르그 테스트*' 등의 검사를 통해 밀가루 속 효소의 활성도를 측정하기도 합니다.

* 해그베르그 테스트(Hagberg Test)
밀가루의 α-아밀라아제 효소 수준을 측정해 제빵에 얼마만큼 적합한 지를 판단하는 테스트이다. 샘플 밀가루에 물을 섞은 다음 여기에 얇은 막대를 떨어트려 막대가 떨어지는 속도를 수치로 나타낸다. 이 수치가 클수록 밀가루 속에 효소가 풍부한 것이다.

온도

이스트는 약 28~35℃ 온도에서 최대 활동성을 보입니다. 8~15℃ 사이에서는 이스트 활동이 둔화되며, 50℃ 이상 되면 이스트가 죽기 시작해 더 이상 가스를 생산할 수 없게 됩니다. 0℃ 근처에서는 활동이 매우 느리지만 완전히 멈추지는 않고, 0℃ 미만에서는 활동이 중지됩니다. 저온일 때 이스트는 죽은 것이 아니라 단지 휴면 상태이기 때문에 적정 온도로 올려주면 다시 활동을 시작합니다.

산성도

빵 이스트의 경우 pH4.5~6의 산성도에서 활성이 가장 잘 이루어집니다. 이 산성도에서 반죽은 잘 늘어나고 풍성하게 부풉니다. 믹싱이 끝난 반죽의 산성도는 pH6 정도이며 발효가 시작되면 점점 그 수치가 떨어집니다. 지나치게 발효를 오래 진행하면 산이 과도하게 생기고, 이는 이스트의 활동을 약화시키므로 주의해야 합니다.

소금

소금은 이스트의 활동성을 떨어트리는 특성을 가지고 있습니다. 반죽에 소금을 많이 넣게 되면 이스트의 알코올 발효가 억제돼 이산화탄소 가스가 적게 발생합니다. 하지만 적정한 양의 소금은 글루텐 구조를 조밀하게 만들어 반죽의 점성과 탄성을 증가시키고, 이스트가 만들어 낸 이산화탄소 가스를 글루텐 망 안에 잘 가두어 볼륨이 풍성한 빵을 완성할 수 있게 합니다.

설탕

이스트는 설탕(자당)을 포도당, 과당 등 단순당으로 분해해 영양분으로 사용합니다. 설탕을 3~5% 미만으로 첨가하면 이스트의 활동성이 증가해 알코올 및 이산화탄소 가스가 활발하게 생성됩니다. 하지만 설탕이 12~25% 이상 첨가되면 설탕의 높은 삼투압과 지나치게 생성된 알코올로 인해 이스트의 발효 능력이 줄어듭니다. 따라서 설탕이 많이 함유된 단과자빵 등의 반죽은 이스트의 양을 늘려야 합니다.

이스트의 종류

빵 이스트는 기능성 및 사용 목적, 수분 함량 등에 따라 생이스트와 인스턴트 드라이이스트, 세미 드라이이스트등으로 나뉩니다.

생이스트

배양액에서 이스트를 분리해 수분을 70% 내외로 조정한 다음 그대로 사용하거나 또는 압착해 굳힌 것입니다. 수분이 많아 보존성이 낮기 때문에 냉장 상태로 유통 및 보관해야 합니다. 유통기한은 미개봉 상태를 기준으로 40일 정도입니다.

인스턴트 드라이이스트

배양액에서 분리한 이스트를 특수 가공하여 수분량 4~7%로 건조시킨 과립 형태의 이스트입니다. 인스턴트 드라이이스트는 발효력이 좋고 분산성이 높아 바로 가루에 섞어 사용할 수 있지만 믹싱 시간이 짧은 반죽에는 이스트 입자가 남을 수 있으므로 물에 풀어 사용하는 것이 좋습니다. 또한 빵의 색상 및 풍미가 개선되는 장점이 있습니다. 설탕의 배합량이 많은 빵에 사용하는 고당용 인스턴트 드라이이스트와 설탕 배합량이 10% 이하인 빵에 사용하는 저당용이 있으며 상온에서 유통, 개봉 후에는 밀봉하여 보관해야 합니다. 유통기한은 미개봉 상태를 기준으로 1년, 개봉 상태에서는 한 달 정도입니다.

세미드라이이스트

배양액에서 분리한 이스트를 수분량 25%까지 건조시켜 과립 형태로 만든 이스트입니다. 생이스트와 인스턴트 드라이이스트의 중간 형태라고 보면 쉽습니다. 냉동 내성이 강한 효모로 만들어 냉동 반죽 등에 사용하기 좋으며, 15℃ 이하의 냉수에도 내성이 훌륭합니다. 종류는 인스턴트 드라이이스트와 마찬가지로 고당용과 저당용이 있으며, 반죽 종류에 따라 바로 사용하거나 물에 풀어 사용합니다. 냉동 보관하며 유통기한은 미개봉 상태에서 2년 정도입니다.

생이스트

인스턴트 드라이이스트

세미드라이이스트

사전발효

본반죽을 만들기 전 미리 발효 숙성시킨 반죽을 사전발효반죽이라 하며 이를 본반죽에 넣어 믹싱, 발효해 빵을 완성하는 제법을 사전발효법이라 합니다. 사전발효반죽에는 다양한 종류가 있는데 크게 2가지로 나눌 수 있습니다.

첫 번째는 상업용 이스트, 밀가루, 물 등으로 만드는 사전발효반죽으로 중종(스펀지 도), 풀리시, 비가, 묵은 반죽 등이 이에 해당합니다.

두 번째는 자연계에 존재하는 야생 이스트를 배양해 만든 종(천연 발효종)으로 리퀴드 사워도, 스티프 사워도, 파스타 마드레 등이 이에 속합니다. 천연 발효종은 자체적으로 이스트와 박테리아의 개체 수를 증가시키는데, 이스트와 박테리아의 활성을 유지하기 위해 발효종의 일부를 보존하면서 밀가루와 물로 리프레시하는 과정이 필요합니다.

이밖에도 발효종의 형태에 따라 단단한 반죽종과 유동성이 있는 액종으로 분류하기도 합니다.

사전발효반죽은 그의 송류와 양에 따라 빵에 미치는 효과가 조금씩 달라지지만 대체적으로 다음과 같은 요소에 영향을 미칩니다.

반죽의 강도

사전발효반죽을 사용하면 반죽의 강도가 증가합니다. 이미 발효된 발효반죽의 산성도가 첨가돼 글루텐이 강화되기 때문입니다.

발효 속도

사전발효반죽을 첨가되면 효소의 양이 늘어나 발효 속도가 빨라집니다.

풍미

사전발효반죽을 사용하면 발효반죽을 만드는 동안 유산균 등이 만드는 유기산류가 많아져 빵의 향과 풍미가 좋아집니다.

보존성

사전발효반죽을 만드는 동안 밀가루 등 가루 재료의 수화가 충분히 이뤄져 반죽의 보수성이 높아집니다. 따라서 사전발효반죽을 넣고 만든 빵은 스트레이트법으로 만든 빵에 비해 촉촉하고 빨리 굳지 않아 유통기한이 길어집니다.

색상

사전발효반죽을 사용하면 오븐에서 굽는 과정에서 더 많은 단순당이 캐러멜화되므로 구움색이 향상됩니다.

묵은 반죽

가장 많이 사용되는 사전발효반죽 중 하나로, 발효반죽을 미리 만들어야 하는 추가 작업이 필요 없어 사용하기 편리한 장점이 있습니다. 묵은 반죽은 밀가루, 물, 소금, 그리고 상업용 이스트를 믹싱해 반죽을 만들고 실온에서 일정 시간(약 1시간) 동안 발효시킨 후 다음날까지 냉장고(3℃)에 보관했다가 본반죽에 넣어 사용합니다. 냉장고에서 보관한 묵은 반죽은 최소 4시간 후에 사용할 수 있으며 최대 48시간 안에 소진해야 합니다. 일반적으로 베이커리에서는 묵은 반죽을 따로 만들지 않고, 의도적으로 필요한 양보다 많은 반죽을 믹싱한 뒤 남은 반죽을 위와 같은 방법으로 보관, 다음날 본반죽에 섞어 사용합니다. 비에누아즈리의 경우도 재단하고 남은 반죽의 자투리를 보관해 두었다가 본반죽에 넣습니다. 이 경우 묵은 반죽은 냉동실에서 최대 4주 동안 보관 및 사용할 수 있습니다.

풀리시

반액체 형태의 사전발효반죽으로 대개 밀가루, 물, 이스트로 만듭니다. 풀리시의 수화율은 보통 100%(밀가루와 물의 양이 같음)이며, 원하는 발효 시간에 따라 이스트의 양을 정해 첨가합니다. 풀리시의 발효는 상온(23℃ 정도)에서 이뤄집니다. 풀리시 반죽을 만들 때 필요한 이스트의 양을 계산하는 기본 규칙을 '**40의 규칙**'이라 합니다.
40을 원하는 발효 시간으로 나누면 물 1리터당 필요한 이스트의 양(g)을 구할 수 있습니다.

> **예1** 40÷8시간(원하는 발효 시간) = 5 → 물 1리터당 필요한 이스트의 양은 5g
> **예2** 40÷20시간(원하는 발효 시간) = 2 → 물 1리터당 필요한 이스트의 양은 2g

그러나 40의 규칙에 따라 이스트의 양을 정하고 작업을 진행했다 하더라도 발효가 이루어지는 작업 공간의 온도에 따라 발효 시간은 달라질 수 있습니다.
풀리시는 예전에는 매우 흔하게 사용되었으나 관리 및 보관이 까다롭고 계절에 따라 일정한 발효 상태를 보장하기 어려워 최근에는 자주 사용하지 않는 추세입니다.

사워도

밀가루와 물로 만들어지는 사워도는 반액체 형태(리퀴드 사워도 또는 르뱅 리퀴드)와 반경질 형태(스티프 사워도 또는 르뱅 뒤르) 두 종류가 있습니다. 형태는 다르지만 두 가지 사워도 모두 매우 독특한 미생물인 천연 이스트와 박테리아로 구성돼 있습니다.

사워도를 만들려면 밀가루와 물(100% 수화율)을 섞어 실온에서 부피가 2배 될 때까지 발효시킨 다음 밀가루와 물을 추가로 더 넣어 이스트에 먹이를 공급합니다. 그 다음 사워도의 부피가 다시 2배로 늘어나면 밀가루와 물을 추가하는 작업을 반복하는데 이 작업을 '리프레시'라고 합니다.

스티프 사워도

리프레시의 주요 목표는 밀가루와 공기 등 어디에나 존재하는 야생 이스트와 박테리아를 한곳에 모으고 여기에 밀가루, 물 등의 먹이를 제공해 개체 수를 늘리는 것입니다. 사워도 안에 이스트와 박테리아의 개체 수가 충분해지면 이를 빵의 발효제로 사용할 수 있습니다. 한편, 이스트와 박테리아는 모두 아래와 같은 조건에서 잘 자랍니다.

1 **먹이(밀가루로부터 제공되는 당)**: 당이 있으면 스스로 번식할 수 있게 되어 개체 수가 늘고 가스와 산이 더 많이 생깁니다.

2 **30~35℃ 사이의 온도**: 이 온도 범위 내에서 천연 이스트와 박테리아 두 미생물은 매우 활발하게 활동합니다.

3 **습한 환경**: 습도가 높으면 천연 이스트와 박테리아의 활동성이 증가합니다.

이스트는 밀가루나 설탕에 존재하는 당을 먹이로 개체 수를 늘리고 발효를 진행시킵니다. 이 과정에서 일어나는 효소의 작용에 의해 발효 가스가 생기고 이로 인해 반죽은 부풀어 오릅니다. 박테리아는 주로 산을 만들며(소량의 발효 가스도 생산), 이는 발효 과정에서 반죽의 산성도(pH)를 낮추는 역할을 합니다. 또한 완제품에 사워도 빵에서만 느낄 수 있는 독특한 풍미를 만들어 냅니다.

사워도를 좋은 상태로 유지하기 위해서는 하루에 최소 한 번 이상 밀가루와 물 등을 추가해 먹이를 공급해 주는 것이 중요합니다. 이렇게 하면 사워도 속에 존재하는 이스트와 박테리아가 죽지 않고 계속 활동할 수 있습니다. 먹이가 부족하게 되면 이스트와 박테리아의 개체 수가 줄어들고 활동성도 떨어져 사워도의 품질이 저하됩니다.

리퀴드 사워도

리퀴드 사워도는 보통 같은 양의 밀가루와 물(수분량 100%), 그리고 마더 사워도의 일부를 하루에 2번 먹이로 공급받습니다. 첫 번째 먹이는 본반죽에 사용하기 몇 시간 전에 주고, 두 번째 먹이는 하루가 끝날 즈음 제공해 리퀴드 사워도의 좋은 상태를 유지합니다.

사워도의 먹이로 공급하는 밀가루는 T55 또는 T65와 같은 흰 밀가루이지만 호밀 가루도 사용할 수 있습니다. 밀가루는 첨가물이 들어가지 않은 밀가루를 사용하는 것이 좋습니다. 사용하는 밀가루와 효소의 활성도에 따라 사워도가 발효의 정점에 도달하는 시간은 달라집니다. 또 원하는 발효 속도 또는 발효 상태에 따라 사용하는 마더 사워도의 양도 많이 달라질 수 있습니다. 사워도는 활동성이 최고점에 이르렀을 때 사용하는 것이 일반적인데, 사워도의 산성도가 pH4.2이고, 부피가 2배 정도 늘어났을 때입니다. 이 최고점을 지나면 사워도의 활동성은 감소하고 점점 산성이 됩니다. 아래의 표는 가능한 먹이 비율의 몇 가지 예입니다. 작업장의 온도가 높을수록 물과 밀가루의 비율을 높여 줍니다. 한편, 남은 사워도는 다음날까지 실온에서 보관했다가 리프레시할 때 마더 사워도로 사용합니다.

마더 사워도	밀가루	물	발효 온도	발효의 정점에 도달하는 시간
100g	100g	100g	30℃	약 2시간 30분~3시간
100g	100g	100g	25℃	약 3시간 30분
100g	300g	300g	30℃	약 3시간~3시간 30분

* 발효 시간은 사용하는 밀가루의 종류와 효소 활성에 따라 달라질 수 있음.

리퀴드 사워도

사워도 만들기
Making
Sourdough

①

사워도 스타터 1
SOURDOUGH
Starter 1

물 100g
호밀 가루(T130) 100g

–

1 밀폐 용기에 물, 호밀 가루를 넣고
　고루 섞는다.
2 반죽의 부피가 2배가 될 때까지
　실온(25℃)에서 24시간 동안
　발효시킨다.

②

사워도 스타터 2

SOURDOUGH
Starter 2

사워도 스타터1 100g
물(35℃) 100g
프랑스밀가루(T65 트래디션) 100g
–

1 비커에 사워도 스타터1, 물을 넣고
고무 주걱으로 고루 섞는다.

2 프랑스밀가루를 넣고 고무 주걱으로
고루 섞는다.

3 반죽의 부피가 2배가 될 때까지
실온(25℃)에서 4~6시간 동안
발효시킨다.

스티프 사워도
Stiff
Sourdough

①
마더 스티프 사워도
MOTHER STIFF
Sourdough

사워도 스타터2 200g
물(35℃) 100g
프랑스밀가루(T80) 200g

1 믹서볼에 사워도 스타터2, 물, 프랑스밀가루를 차례대로 넣고 1단에서 4~5분 동안 믹싱한다.
2 반죽을 한 덩어리로 뭉쳐 둥글리기한다.
3 볼에 반죽을 넣고 비닐을 덮어 반죽의 부피가 2배가 될 때까지 실온(25℃)에서 2시간 동안 발효시킨다.
4 4℃ 냉장고로 옮겨 약 16시간 동안 발효시킨다.

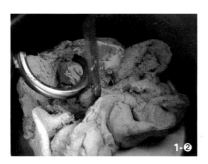

②

스티프 사워도 리프레시(사용 및 관리)

STIFF SOURDOUGH
Refresh

마더 스티프 사워도 200g
물(35℃) 120g
프랑스밀가루(T80) 200g
–

1 믹서볼에 마더 스티프 사워도, 물, 프랑스밀가루를 차례대로 넣고 1단에서 4~5분 동안 믹싱한다.

   tip) 글루텐이 80% 정도 생기고 반죽이 단단하면 믹싱이 완료된 것이다.

2 반죽을 평평하게 펴 위에서 아래로 접은 다음 둥글리기한다.

3 볼에 반죽을 넣고 비닐을 덮어 실온(25℃)에서 2시간 동안 발효시킨다.

4 4℃ 냉장고로 옮겨 약 16시간 동안 발효시킨다.

   tip) 필요한 양만큼 떼어 사용하고, 남은 반죽은 1~4의 공정을 동일하게 진행해 리프레시한다.

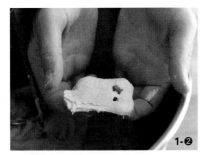

리퀴드 사워도

Liquid

Sourdough

①

마더 리퀴드 사워도

MOTHER LIQUID
Sourdough

사워도 스타터2 100g
물(35℃) 100g
프랑스밀가루(T65 트래디션) 100g
–

1   비커에 사워도 스타터2, 물을 넣고 고무
    주걱으로 고루 섞는다.

2   프랑스밀가루를 넣고 고무 주걱으로
    고루 섞는다.

3   반죽의 부피가 2배가 될 때까지
    실온(25℃)에서 18시간 동안
    발효시킨다.

②
리퀴드 사워도 리프레시(사용 및 관리)
LIQUID SOURDOUGH
Refresh

마더 리퀴드 사워도 100g
물(35℃) 100g
프랑스밀가루(T65 트래디션) 100g
–

1 비커에 모든 재료를 넣고 고루 섞는다.

2 반죽의 부피가 2배가 될 때까지 온도 30℃ 발효실에서 3시간 동안 발효시킨다.

3 필요한 양만큼 떼어 쓰고 나머지 반죽은 리프레시한다.

tip) 발효가 잘 된 반죽의 산도를 측정하면 pH4 정도이다.

tip) 리프레시는 비커에 남은 리퀴드 사워도 50g, 물(35℃) 150g, 프랑스밀가루(T65 트래디션) 150g을 넣어 고루 섞은 다음 반죽의 부피가 2배가 될 때까지 실온(25℃)에서 18시간 동안 발효시킨다. 이때 발효를 마친 리퀴드 사워도의 산도를 측정하면 약 pH3.6 정도이다.

다양한
사전발효종의 비교

	묵은 반죽	풀리시	리퀴드 사워도	스티프 사워도
레시피 사용량	밀가루의 10~30%	물의 20~80%	밀가루의 10~40%	밀가루의 10~40%
사용 조건	사용하기 전날 만들어(또는 믹싱을 마친 반죽의 일부를 보관) 냉장 보관해 최대 48시간까지 사용.	사용하는 이스트(효모)의 양에 따라 본반죽을 믹싱하기 몇 시간 전에 만듦. 표면에 기포가 많이 생기고 꺼지기 시작할 때 사용.	본반죽에 넣기 2~3시간 전에 리프레시해 사용. 사용 시 산성도는 사워도의 활성이 가장 높은 상태인 pH 4~4.2 정도여야 함.	본반죽에 사용하기 하루 전 리프레시해 냉장 보관. 산성도는 pH4 정도에서 사용할 것을 추천. 리퀴드 사워도보다 활성이 약간 느려 발효 속도는 오래 걸리지만, 사워도의 활성도가 최고조에 이르면 그 상태를 리퀴느 사워노보다 오래 유지함.
반죽 강도의 향상	⊕⊕	⊕	⊕	⊕⊕⊕
반죽 신장성 향상	⊖	⊕⊕	⊕⊕	⊖
사용하기 좋은 제품	모든 종류의 빵과 비에누아즈리 반죽에 사용. 비에누아즈리의 경우 보통 버터와 설탕이 들어간 묵은 반죽을 사용함.	모든 종류의 빵과 비에누아즈리 반죽에 사용. 특히 신장성이 좋아 비에누아즈리 반죽에 첨가하면 효과가 좋음.	주로 하드 브레드 반죽에 사용. 비에누아즈리에도 사용할 수는 있으나 너무 산미가 강하지 않은 어린 사워도를 사용해야 함.	호밀빵처럼 반죽에 글루텐이 많이 형성되지 않아힘을 필요로 하는 빵 반죽에 사용하면 적합함.
발효 속도	⊕	⊕⊕	⊕⊕	⊕
풍미	⊕	⊕	⊕⊕	⊕⊕
유통기한	⊕	⊕	⊕⊕	⊕⊕

버터

제빵에 사용하는 버터는 크게 2가지 형태가 있습니다. 첫 번째는 '혼입 버터'로 반죽을 믹싱할 때 첨가하는 버터입니다. 두 번째는 '시트형 버터'로 이미 믹싱을 마친 반죽에 버터와 반죽의 층을 만들기 위해 넣는 버터입니다. 이 2가지 버터 모두 일반적으로 최소 82%의 지방, 최대 16%의 습도, 약 2%의 건조 물질(카세인, 젖당 등)을 함유하고 있습니다.

일반 버터

다양한 빵 레시피 중 특히 비에누아즈리 반죽에는 반드시 일정량의 버터가 들어갑니다. 반죽에 버터를 첨가하면 다음과 같은 효과를 기대할 수 있습니다.

☑ 버터가 함유한 지방으로 인해 빵의 식감이 더욱 부드러워집니다.
☑ 완제품의 유통기한이 길어집니다.
☑ 빵의 풍미가 개선됩니다.
☑ 반죽의 신장성이 향상돼 제품의 부피가 늘어납니다.
☑ 냉장고에서 휴지 또는 발효할 경우 반죽의 안정화를 돕습니다.

빵 반죽에 버터를 첨가하면 반죽의 신장성과 탄력성의 비율도 변화합니다. 버터에 함유된 지방 성분으로 인해 반죽이 더 잘 늘어나기 때문에, 이에 맞도록 탄력성도 높여야 하지요. 따라서 이때에는 단백질 함량이 높은 밀가루를 사용하거나 반죽이 지나치게 부드러워지지 않도록 레시피에서 수분 함량을 줄여야 합니다.

시트형 버터

시트형 버터는 크루아상, 퍼프 페이스트리와 같이 반죽과 버터의 층으로 결을 만들어야 하는 제품에 사용합니다. 시트형 버터와 일반 버터의 가장 큰 차이점은 시트형 버터는 융해점이 높다는 것입니다. 상온에서 버터가 깨지거나 녹지 않고 형태를 잘 유지해 작업성이 뛰어나기 때문에 반죽 사이에 층을 만드는 라미네이션 작업에 적합합니다. 혼입 버터와 마찬가지로 시트형 버터 또한 제품의 식감, 유통기한, 풍미, 신장성에 같은 효과를 줍니다. 더불어 반죽에 층을 만들기 때문에 완제품의 부피를 풍성하게 만드는 역할을 합니다. 시트형 버터는 이스트가 들어간 반죽(ex. 크루아상 반죽)에는 반죽의 25~33%를, 이스트를 넣지 않은 반죽(ex. 퍼프 페이스트리 반죽)에는 45~55% 정도 사용하면 됩니다.

보통 시트형 버터의 지방 함량은 82~84% 정도인데, 이는 최종 제품의 식감에 영향을 미치는 요소 중 하나입니다. 지방 함량이 높을수록 제품의 풍미가 향상되고, 더 부드러운 특징을 보입니다.

당 제품

일반적으로 비에누아즈리 제품을 만들 때는 반죽에 설탕을 비롯한 당 제품을 넣습니다. 당 제품에는 정제 설탕, 슈거파우더, 전화당, 꿀 등 다양한 형태가 있으며 이들은 각각 고유한 특성을 가지고 있습니다. 공통적으로는 빵 반죽과 최종 제품에 아래와 같은 효과(정도의 차이는 있지만)가 있습니다.

당의 역할

반죽의 탄성을 감소시켜 반죽을 부드럽게 만들어 줍니다.
당 제품을 사용할 때는 반죽의 탄성에 균형을 맞추기 위해 단백질 함량이 높은 밀가루를 사용하는 경우가 많습니다.

보기 좋은 구움색을 냅니다.
당 제품을 넣은 빵 반죽은 오븐에서 구울 때 설탕이 캐러멜화되면서 더 빨리 구움색이 나므로 이때에는 오븐의 온도를 평소보다 낮춰주는 것이 좋습니다. 즉, 사용하는 당의 양이 많을수록 오븐의 온도를 낮게 설정해야 합니다.

완제품에 부드러운 식감과 달콤한 맛을 더해 줍니다.
당 제품은 수분을 흡수해 유지하는 성질을 지니고 있습니다. 때문에 빵 반죽에 설탕을 넣으면 크럼이 부드럽고 촉촉해집니다.

반죽의 발효 속도가 빨라집니다.
밀가루 중량의 5% 미만으로 사용하면 이스트의 알코올 발효에 먹이로 사용되어 발효 속도가 빨라집니다. 하지만 밀가루 중량의 5%를 초과하면 반죽에 당의 농도가 지나치게 높아져 오히려 미생물의 활동성이 떨어지고 발효 속도도 느려지므로 주의해야 합니다.

습도를 더 오래 유지하고 미생물의 활동을 지연시켜 완제품의 유통기한을 늘립니다.
발효에 쓰이고 남은 당 성분은 물에 녹아 있다가 빵이 구워질 때 전분의 느슨해진 구조 속으로 들어가게 됩니다. 이 당들은 빵이 구워진 후에도 전분 구조 속에서 수분을 유지해 전분의 노화를 늦추고, 완제품의 유통기한을 늘려 줍니다.

재료가 빵 반죽의 강도에 미치는 영향

빵을 만들 때 사용하는 모든 재료는 반죽의 강도, 신장성 및 탄성에 영향을 미칩니다. 빵이 잘 부풀기 위해서는 충분한 신장성과 탄성이 있어야 합니다. 반죽의 탄성이 부족하면 빵의 부피가 작아지고 납작해집니다. 반죽의 신장성이 부족하면 역시 부피가 작아지고 매우 동그란 형태를 띠며 크럼이 촘촘해집니다. 따라서 반죽의 강도와 신장성, 탄성의 비율은 좋은 빵을 만드는 데 매우 중요한 요소라 할 수 있습니다.

재료	탄성	신장성	탄성과 신장성의 균형을 맞추는 방법
밀가루의 단백질 함량	⊕⊕	⊖⊖	단백질이 높을수록 탄성이 증가함. 따라서 단백질 함량이 높은 강력분의 경우 신장성을 높이기 위해 믹싱 또는 오토리즈(수화) 과정을 길게 함.
수분율	⊖⊖	⊕⊕	수분율이 높을수록 신장성이 증가함. 이때 반죽의 강도를 높이기 위해 1차 발효를 더 길게 함.
설탕	⊖⊖	⊕⊕	설탕의 양이 많을수록 신장성이 증가함. 설탕으로 인한 탄성 손실을 보충하고 수분율을 줄이기 위해 단백질 함량이 높은 강력분을 사용.
유지류(버터, 올리브유 등)	⊖⊖	⊕⊕	유지의 양이 많을수록 신장성이 증가함. 지방으로 인한 탄성 손실을 보충하고 수분율을 줄이기 위해 강력분 사용.
묵은 반죽	⊕⊕	⊖⊖	묵은 반죽을 사용하면 반죽의 탄성이 증가함. 레시피의 수분 함량을 높여 신장성과의 밸런스를 맞춤.
풀리시	⊕	⊕⊕	풀리시 반죽을 사용하면 반죽의 탄성과 신장성이 증가함. 이때 오토리즈(수화) 과정을 줄이거나 억제하여 균형을 맞춤.
리퀴드 사워도	⊕	⊕⊕	리퀴드 사워도를 사용하면 반죽의 탄성과 신장성이 증가함. 레시피에서 수분량을 줄여 조절함.
스티프 사워도	⊕⊕	⊖⊖	스티프 사워도를 사용하면 반죽의 탄성이 증가함. 레시피에서 수분량과 오토리즈(수화) 시간을 늘려 신장성과 균형을 맞춤.

Chapter 2

제빵의 과정

이 장에서는 제빵의 모든 단계를 면밀히 살펴 보고 각 단계의 역할 및 다음 단계와 최종 제품에 미치는 영향을 설명합니다.

MÉTHODE DE TRAVAIL | 01

믹싱

제빵의 첫 단계는 믹싱입니다. 밀가루에 물을 첨가하면 몇 가지 반응이 일어납니다. 일단 밀가루의 전분과 단백질은 물의 일부를 흡수합니다. 이때 단백질은 물을 흡수하면서 글루텐이라는 물질을 생성하는데, 이는 반죽이 발효하는 과정에서 산화돼 더욱 강해집니다.

믹싱의 주요 목적 중 하나는 발효 과정에서 생성되는 가스를 반죽 안에 보유할 만큼 충분한 탄성과 신장성이 있는 글루텐 그물망을 만드는 것입니다. 단백질의 질과 양, 그리고 설탕, 버터, 수분량 등 반죽에 들어가는 재료나 양에 따라 글루텐 그물망이 형성되는 시간이 달라지며 글루텐의 품질과 특성이 결정됩니다. 빵이 적절하게 부풀어 오르려면 글루텐 그물망에 어느 정도 신장성이 있어야 하며 동시에 너무 납작해지지 않도록 탄성 또한 있어야 합니다. 제빵 과정에서 믹싱은 반죽의 강도, 즉 탄성과 신장성을 형성하는 아주 중요한 단계라 할 수 있습니다.

믹싱의 두 번째 역할은 반죽 안에 공기를 넣어 더 강한 글루텐 그물망과 더 큰 부피를 만드는 것입니다. 하지만 반죽 안에 공기가 지나치게 많으면 빵 본연의 풍미를 잃어 맛이 저하됩니다. 그러므로 반죽에 공기 혼입을 적절하게 하기 위해서는 글루텐 그물망을 신속하게 발달시키고 반죽의 산화를 줄여 줘야 합니다. 이때 '오토리즈'라는 수화 과정을 이용할 수 있습니다.

이밖에도 믹서의 속도, 반죽에 들어가는 공기의 양, 믹서의 종류 등에 따라 크럼의 구조가 달라집니다. 믹싱 과정에서 반죽에 공기가 많이 들어가 빵의 부피는 커지고 크럼은 매우 하얗고 가벼워집니다. 또한 기공의 구조는 더욱 작아지며 빵의 풍미가 떨어지고 유통기한도 짧아집니다. 이것을 고속 믹싱(예: 반미 바게트)이라 부릅니다. 반죽에 적당한 양의 공기가 들어가 빵의 부피는 적절하게 커지고 크럼은 노르스름해지며 기공은 더 규칙적인 형태를 띱니다. 이것을 중속 믹싱(예: 전통 바게트)이라 합니다. 마지막으로 반죽에 공기가 아주 적게 들어가도록 믹싱하면 빵의 부피가 작아지며 크럼은 노랗고 기공은 매우 불규칙한 형태를 보입니다. 이렇게 믹싱하면 빵 전반의 풍미가 개선되고 식감이 더욱 쫄깃해지며 유통기한도 늘어납니다. 이 믹싱법을 저속 믹싱(예: 사워도 빵 또는 전통 바게트)이라 합니다.

대개 반죽에 사용하는 밀가루는 단백질 함량이 높을수록 충분한 신장성을 얻기 위해 믹싱 시간을 더 길게 갖습니다. 물론 이는 반죽의 강도에 영향을 미치는 레시피의 구성(설탕, 버터, 수분량 등)에 따라서도 달라질 수 있습니다. 믹싱은 반죽의 최종 온도는 물론 발효 시간과 결과에도 큰 영향을 미칩니다.

믹싱이 반죽과 최종 제품에 미치는 영향

예시	탄성	신장성	반죽에 미치는 결과	최종 제품에 미치는 결과	손상을 최소화 하는 방법
언더 믹싱 반죽	⊕⊕	⊖⊖	• 반죽이 단단하고 차가워 발효가 느리게 진행됨. • 성형 후 반죽이 처지는 경향을 보임.	• 부피가 작고 매우 동그란 형태를 띔. • 크럼이 촘촘하고 질긴 식감을 가짐.	1차 발효 시간을 줄이고 중간 발효, 2차 발효 시간을 늘리며 오븐에서 굽는 온도를 낮춤.
오버 믹싱 반죽	⊖⊖	⊕⊕	• 반죽이 끈적끈적하고 온도가 높아 발효가 빠르게 진행됨. • 형태를 유지하기 어려움.	• 부피가 작고 매우 납작한 형태를 보임. • 크럼이 스펀지 같으며 폭신폭신한 식감을 가짐.	1차 발효 시간을 줄이고 발효 중에 펀치를 1회 줌. 중간 발효 시간을 줄이고 성형을 타이트하게 한 다음 2차 발효 시간을 줄임.

• **언더 믹싱**
글루텐이 충분히 형성되기 전에 반죽의 믹싱을 마친 상태.

• **오버 믹싱**
반죽의 믹싱을 너무 오랫동안 과도하게 하여 글루텐 구조가 손상된 상태.

	[믹싱 완료 상태]	[글루텐 상태]	[반죽 온도]
언더 믹싱			
적정 믹싱			
오버 믹싱			

스파이럴 믹서 VS 버티컬 믹서

제빵에 가장 많이 사용되는 스파이럴 믹서와 버티컬 믹서의 특징을 살펴보겠습니다.

	스파이럴 믹서	특징	버티컬 믹서	특징
믹싱할 수 있는 반죽의 최대량	볼의 부피÷2	예) 50ℓ÷2=최대 25kg	볼의 부피÷3	20ℓ÷3=최대 6.66kg
믹싱할 수 있는 반죽의 최소량	최대량의 10%	최대 25kg×10%=최소 2.5kg	최대량의 25%	최대 6.66kg×25%=최소 1.66kg
반죽의 산화	⊕	믹서볼과 훅의 회전으로 반죽에 공기 혼입이 더욱 효율적임.	⊖	믹서볼은 고정돼 있고 훅만 회전하기 때문에 단단한 반죽에는 공기 혼입이 덜 됨.
반죽의 발열	⊖	믹서볼이 넓어서 반죽과 볼 내벽의 마찰이 줄어들고, 반죽의 온도가 느리게 올라감.	⊕	믹서볼이 일반적으로 좁기 때문에 반죽과 볼의 마찰이 증가해 반죽의 온도가 빨리 높아짐.
기본 온도	더 높음.	마찰이 적다는 것은 반죽의 온도가 빠르게 오르지 못한다는 뜻으로, 더 높은 기본 온도가 필요.	더 낮음.	마찰이 많아 반죽의 온도가 더 빨리 상승하므로 기본 온도가 더 낮아야 함.
적합한 용도	스파이럴 믹서는 효율과 산화력이 높아 단단한 반죽이나 하드 브레드 반죽에 적합함. 대량 생산을 주로 하는 업장 사용을 추천.		산화가 많이 필요하지 않은 반죽이나 소프트 브레드 반죽에 적합함. 홈베이킹, 소규모 업장 사용을 추천.	
반죽의 종류	크루아상 반죽, 바게트 반죽 등		호밀빵, 사워도 빵, 브리오슈 등	

어떤 종류의 반죽이든 2가지 믹서의 사용이 모두 가능하지만, 각 믹서의 믹싱 방법과 특징 때문에 같은 반죽이라 하더라도 기본 온도가 조금씩 달라질 수 있습니다.

스파이럴 믹서

버티컬 믹서

기본 온도

상업용 이스트를 사용하는 반죽의 적정 온도(23~25℃), 혹은 사워도와 같이 천연 효모만을 사용해 발효시키는 반죽의 적정 온도(25~27℃)를 구하기 위해 사용하는 개념입니다. 대개 기본 온도를 계산해 물의 온도를 결정합니다. 기본 온도는 밀가루의 온도, 작업장의 온도, 물의 온도를 모두 더해 구합니다.

기본 온도 = 밀가루 온도 + 작업장의 온도 + 물(액체 재료)의 온도

이때 물의 온도를 계산하려면 기본 온도에서 밀가루 온도와 실내 온도를 빼면 됩니다.

물의 온도 = 기본 온도 - 밀가루 온도 - 실내 온도

기본 온도는 다양한 요인에 의해 달라질 수 있습니다. 주로 반죽의 예상 믹싱 시간, 레시피의 구성, 실내(작업장) 온도에 영향을 받습니다. 또한 반죽의 밀도도 중요한데, 보통 단단한 반죽은 부드러운 반죽보다 온도가 빠르게 상승하는 특징을 부입니다. 이밖에두 스파이럴 믹서, 버티컬 믹서, 더블 암 믹서 등 믹싱에 어떠한 믹서를 사용했는가, 믹서볼의 크기와 반죽의 양이 어떠한가에 따라서도 기본 온도는 달라집니다. 가령 작은 믹서볼 안에 많은 양의 반죽이 있으면 큰 볼 안에 적은 양의 반죽이 있는 것보다 온도가 빠르게 상승합니다.
한편, 기본 온도에는 아래와 같이 3가지 범주가 있습니다.

① 36~42℃
기본 온도 중 가장 낮은 온도 범위로 사용하는 물의 온도도 매우 낮습니다. 주로 크루아상, 브리오슈 등과 같은 비에누아즈리 반죽을 만들 때 이 온도를 사용합니다. 보통 비에누아즈리 제품을 만들 때는 단백질 함량이 높은 밀가루를 사용하기 때문에 믹싱 시간이 길어지고 믹싱 후 반죽이 약간 단단한 특징을 보입니다. 밀가루와 실내 온도의 합이 기본 온도를 쉽게 초과할 수 있기 때문에 보통 믹싱 전 사용할 재료를 냉장고에 보관해 온도를 낮춥니다.

> **예** 기본 온도 42℃ - 밀가루 온도 22℃ - 실내 온도 24℃ = 물 온도 -4℃가 됩니다. 이때 물의 온도가 너무 낮아 사용하기 어려우므로 밀가루를 냉장고에 미리 보관해 온도를 낮춰 줍니다.

② 48~56℃
주로 바게트, 치아바타와 같은 빵을 만들 때 사용합니다. 이런 류의 빵을 만들 때는 보통 단백질 함량이 적은 밀가루를 사용하므로 반죽이 부드럽고 비에누아즈리 반죽만큼 온도가 크게 상승하지 않습니다.

③ 58~68℃
이 온도는 따뜻한 물을 넣어 믹싱을 짧게 해야 하거나 원하는 최종 온도가 높은 반죽(ex. 사워도 빵 등)에 주로 사용합니다.

오토리즈

오토리즈는 효소(프로티아제)에 의해 단백질이 자연적으로 분해되는 과정입니다. 오토리즈를 거치면 반죽의 신장성이 증가돼 본반죽에서의 믹싱 시간이 단축됩니다. 믹싱 시간이 짧아지면서 믹싱하는 동안 반죽에 공기가 적게 들어가 빵 맛이 더욱 좋아지며 최종 제품의 볼륨도 좋아집니다. 오토리즈 제법을 사용한 빵 반죽에 굽기 전 쿠프(칼집)를 넣으면 완제품의 볼륨이 더 개선되는 장점이 있습니다.

오토리즈를 하는 방법은 본반죽을 믹싱하기 전, 밀가루와 물을 먼저 섞어 반죽 상태로 만듭니다. 그리고 상온에서 20분~2시간까지 그대로 두어 반죽을 휴지시킵니다(본반죽에 들어갈 밀가루를 100% 사용했을 경우). 이 휴지 시간동안 효소(프로티아제)가 단백질을 분해해 글루텐 형성을 빨리 진행시킵니다. 오토리즈할 때에는 효소가 제대로 작용할 수 있도록 이스트 또는 소금 등을 첨가하지 않으며 이들 재료는 본반죽 믹싱에 추가하도록 합니다.

아래의 요인들은 오토리즈 시간에 영향을 미치는 요소들입니다.

① 단백질의 양과 질

밀가루에 단백질 함량이 높을수록 오토리즈 시간이 길어지고 반대로 단백질 함량이 낮을수록 오토리즈 시간이 짧아지거나 전혀 필요하지 않게 됩니다.

② 밀가루의 숙성도

시간이 지나면서 밀가루는 산성도를 가지게 되어 탄성이 증가하는데 이 경우 오토리즈 시간을 더 길게 가지는 것이 좋습니다.

한편, 장시간 오토리즈법도 있는데, 이는 오토리즈 과정에서 본반죽에 들어갈 밀가루의 50%만을 사용해 반죽을 만든 뒤 냉장고에서 약 12~18시간 동안 휴지시키는 것입니다. 이 제법은 여름철과 같이 작업장의 온도가 높아지는 계절, 믹싱할 때 반죽의 온도가 빨리 올라가지 않도록 하는 데 효과적입니다. 하지만 오토리즈를 진행시킬 냉장고의 공간이 필요하고, 본반죽에 신장성이 많이 생겨 완제품이 퍼지거나 납작한 형태를 보이는 단점이 있기도 합니다. 장시간 오토리즈법은 바게트를 만들 때 활용하면 좋습니다.

오토리즈 과정

1차 발효

믹싱 작업이 끝나면 대부분의 반죽은 1차 발효에 들어갑니다. 발효 시간은 반죽에 들어간 이스트의 양, 설탕의 양, 실내 온도 등과 같이 여러 가지 요인에 따라 달라집니다.

일반적으로 브레드 박스 또는 철팬에 반죽을 넣고 실온 또는 발효실에서 발효를 진행하는데, 공정에 따라서는 냉장고 또는 냉동고에서 발효시키는 경우도 있습니다. 치아바타, 바게트 등과 같이 반죽의 수분 함량이 높거나 1차 발효를 오랜 시간 진행해 이스트의 활동성이 떨어졌을 경우에는 반죽을 작업대에 강하게 내리치거나 접는 등 펀치를 주어 반죽의 탄성을 높이고 발효가 원활하게 진행될 수 있도록 돕기도 합니다.

1차 발효는 제빵에서 많은 부분에 영향을 미치기 때문에 매우 중요합니다. 이 단계에서는 상업용 이스트나 혹은 사워도 등에 들어 있는 야생 이스트(천연 효모)가 당을 소비하면서 에탄올(알코올)과 이산화탄소(발효 가스)를 만들어 내기 시작합니다. 또한 휴수가 전분을 분해한 후 이스트의 먹이로 사용되는 단순당을 생성하기 시작합니다. 발효가 진행되는 동안 산화가 일어나면서 반죽 속의 글루텐 조직이 부드러워지고 반죽의 탄성과 신장성도 증가합니다. 더불어 1차 발효 중 생성된 알코올과 유기산들은 빵 특유의 향과 풍미를 만드는 데 관여합니다. 특히 하드 브레드의 경우 장시간 1차 발효시켰을 때 유기산이 많이 만들어져 훌륭한 풍미를 얻을 수 있습니다. 또 빵의 구움색도 진해집니다. 1차 발효 시 효소의 작용으로 인해 많은 단순당이 만들어지는데, 발효 과정에서 이스트의 먹이로 사용되고 남은 당들이 굽는 과정에서 캐러멜화돼 먹음직스러운 구움색을 내는 것입니다.

한편, 1차 발효의 완료를 판단하는 데는 여러 가지 방법이 있습니다. 보통 반죽이 처음보다 1.5~2배 정도 부풀었을 때, 손가락으로 살짝 눌러서 그 모양을 유지할 때, 반죽의 아랫부분에 듬성듬성 기공이 생겼을 때 등으로 1차 발효의 완료를 확인합니다. 하지만 이는 반죽의 종류와 온도, 작업장과 발효실의 상태, 작업자가 원하는 완제품의 특징 등에 따라 달라질 수 있으므로 레시피에 나온 시간이나 공정에 의지하기보다는 반죽의 특성을 이해하고 1차 발효 완료 시점을 판단하는 눈을 기르는 것이 중요합니다.

1차 발효 확인법

분할 및 예비 성형

1차 발효를 마친 반죽을 성형하기 좋은 크기로 나눠 자르는 것을 분할이라 합니다. 이렇게 분할한 반죽의 표면을 손바닥으로 가볍게 두드려 발효 가스로 인해 생긴 기포들을 정리합니다. 발효 가스의 농도가 진할수록 발효 속도가 더디게 진행되기 때문에 반죽에서 이 가스를 제거하면 발효를 원활하게 진행시킬 수 있습니다. 1차 발효를 냉장고 또는 냉동고에서 했을 경우에는 반죽 온도가 6~10℃일 때 분할하는 것이 좋으므로 실온에서 반죽의 온도를 올린 뒤 분할합니다. 하지만 이는 버터가 들어가지 않은 반죽에 해당하는 이야기입니다. 분할한 반죽은 원형 또는 타원형으로 둥글리기해 예비 성형합니다. 예비 성형 과정을 통해 반죽의 탄성이 더욱 좋아지며 미리 형태를 잡아줌으로써 본 성형을 한층 수월하게 할 수 있습니다. 예비 성형한 반죽은 본 성형에 들어가기 전 중간 발효를 해 휴지 시간을 갖습니다.

래미네이션
→ 버터 넣고 접기

크루아상과 같은 비에누아즈리 빵을 만들 때는 '래미네이션'이라는 추가 작업을 거쳐야 합니다. 이는 반죽에 버터를 넣고 접어서 반죽 사이에 버터 층을 만드는 작업을 의미합니다. 버터는 보통 82~84%의 지방, 14~16% 수분, 약 2%의 건조 물질로 이뤄진 유제(emulsion)입니다. 굽는 동안 버터 층에서 수분이 증발하면서 증기가 생성돼 층이 분리되고 반죽이 더 크게 부풀어 특유의 개방형 벌집 구조가 만들어집니다. 이때 버터의 지방이 녹으면서 주변의 반죽 층들을 바삭하게 익혀 부서지는 식감이 나고, 캐러멜화로 인해 먹음직스러운 구움색이 만들어집니다. 이밖에도 반죽 사이에 버터를 넣어 접고 밀어 펴는 작업을 반복함으로써 반죽의 탄성이 높아집니다. 때문에 래미네이션 작업을 할 때는 버터가 녹지 않도록 작업 중간중간 냉장고에서 충분한 휴지 시간을 가져야 합니다.

한편, 더 좋은 완제품을 완성하기 위해 래미네이션용으로 특별히 제작된 시트형의 페이스트리 버터 또는 드라이 버터를 사용하는 것이 좋습니다. 페이스트리 버터는 일반 버터보다 융해점이 높아 상온에서도 더 오랫동안 단단하게 유지되므로 작업성이 좋습니다. 또한 버터의 형태가 무너지지 않고 래미네이션할 수 있어 아름답고 균일한 버터 층을 만들 수 있습니다. 크루아상과 같이 이스트가 들어간 반죽 사이에 버터를 넣고 접는 래미네이션에는 다음 표와 같이 여러 가지 방법이 있습니다. 다만 명심해야 할 점은 적절한 두께로 버터 층을 만들어야 한다는 것입니다. 버터 층이 너무 얇으면 버터가 반죽에 녹아들어 완제품에서 브리오슈와 유사한 식감이 나고 부피도 작아집니다. 반대로 버터 층이 두꺼우면 지방이 너무 많아 부피가 줄어들고 매우 기름져 식감과 맛이 저하됩니다. 일반적으로 버터의 비율은 반죽 중량의

25~33% 정도가 적당합니다. 퍼프 페이스트리 제품처럼 이스트를 사용하지 않는 반죽에 버터를 넣고 접는 경우는 보통 버터의 비율이 45~55%로 이스트를 넣은 반죽보다 높습니다. 이는 반죽에 이스트가 없어 발효 가스가 생성되지 않기 때문에 버터 층을 더 만들어 주어 버터의 수분이 만들어 내는 증기로 반죽이 부풀도록 해야 하기 때문입니다. 따라서 퍼프 페이스트리 반죽의 경우 3절 접기를 2회 한 후 4절 접기 2회, 3절 접기 5회, 3절 접기 6회 등 접기를 더 많이 해 버터 층을 많이 만드는 것이 좋습니다.

래미네이션 방법

방법	버터 층 수	반죽의 탄성	최종 밀기	최종 제품의 볼륨	바삭함	부서짐	활용 제품
3절 접기 2회	9	⊕	3mm 이하	⊕	⊕⊕⊕	⊕	미니 크루아상, 팽 오 레쟁
3절 접기 1회 → 4절 접기 1회	12	⊕⊕	3~4mm	⊕⊕	⊕⊕	⊕⊕	크루아상, 팽 오 쇼콜라
4절 접기 2회	16	⊕⊕⊕	4mm 이상	⊕⊕⊕	⊕	⊕⊕⊕	퀸아망, 브리오슈, 페이스트리
3절 접기 3회	27	⊕⊕⊕⊕	3.5~4.5mm	⊕⊕⊕⊕	⊕	⊕⊕⊕⊕	크루아상, 팽 오 쇼콜라

MÉTHODE DE TRAVAIL | 04
중간 발효

반죽을 분할, 예비 성형하면서 반죽의 탄성이 증가했기 때문에 글루텐이 깨지지 않으면서 성형이 용이하도록 반죽에 휴지 시간을 주어야 합니다. 이 휴지 시간을 중간 발효라 부릅니다. 중간 발효는 보통 상온에서 진행하지만 버터가 들어간 반죽의 경우 냉장고에서 진행할 수도 있습니다. 중간 발효 시간은 반죽의 강도에 따라 달라지며 반죽에 탄성이 많을수록 중간 발효 시간을 늘려야 합니다.

MÉTHODE DE TRAVAIL | 05
성형

일정 시간 중간 발효를 마친 반죽은 반죽 속 글루텐을 손상시키지 않으면서 모양을 잡을 수 있는 상태가 됩니다. 반죽을 성형할 때는 먼저 반죽 표면을 손바닥으로 가볍게 두드려 기포를 빼 반죽 속의 과도한 발효 가스와 에탄올을 제거하고 반죽의 내부 구조를 재구성합니다. 그 다음 원하는 모양으로 최종 모양을 만듭니다. 성형을 끝낸 반죽은 탄성이 더욱 좋아지므로 오븐에 바로 굽지 않고 2차 발효를 통해 휴지 시간을 가져야 합니다.

MÉTHODE DE TRAVAIL | 06
2차 발효

성형한 반죽은 다시 한 번 발효의 과정을 거치는데 이를 2차 발효라 합니다. 이 단계의 주요 목적은 반죽에 충분한 발효 가스를 생성해 오븐에서 반죽이 적절하게 부풀어 오르고 적합한 빵의 부피를 갖도록 하는 것입니다. 그렇기 때문에 2차 발효에서 생성된 발효 가스를 유지하기 위해서는 이전 단계들에서 글루텐의 구조를 잘 형성하는 것이 매우 중요합니다.

이스트의 양, 발효 온도, 반죽의 수분 함량, 설탕, 버터, 소금 등의 첨가 여부에 따라 2차 발효 시간은 매우 달라질 수 있습니다. 예를 들어 바게트는 성형 후 약 1시간 정도만 2차 발효를 진행시키지만 크루아상의 경우는 2차 발효 시간을 약 2시간 ~2시간 30분 정도 더 길게 갖습니다. 그 이유는 일반적으로 크루아상 반죽이 바게트 반죽보다 이스트의 양도 많고 더 높은 온도에서 발효되지만 설탕, 버터가 많이 함유돼 있고 수분 함량이 낮기 때문입니다.

일반적으로 하드 브레드의 경우에는 상온에서 2차 발효시키며 비에누아즈리 제품은 발효실에서 2차 발효를 진행합니다. 사워도가 첨가된 일부 반죽은 종종 냉장고에서 2차 발효를 시키기도 합니다. 이밖에도 버터를 함유한 빵 반죽을 냉장고에서 2차 발효시키면 반죽 속 버터가 딱딱해지면서 이스트의 활동을 방해해 발효 속도가 느려지기도 합니다.

굽기 전 준비

2차 발효가 끝난 반죽은 오븐에 넣고 굽는 마지막 단계를 진행합니다. 하지만 몇몇 빵의 경우는 굽기 전에 해야 하는 작업이 있습니다. 하드 브레드와 비에누아즈리로 나눠 살펴 보겠습니다.

하드 브레드

하드 브레드는 일반적으로 반죽에 버터, 설탕 등을 포함하지 않는 빵을 말합니다. 하드 브레드는 보통 굽기 전에 '쿠프(칼집) 넣기'와 '스팀 분사'라는 2가지 굽기 전 준비 단계를 거치게 됩니다.

쿠프 넣기
쿠프(Coupe)는 프랑스어로 자르기, 베기, 절단 등을 나타내는 단어로, 2차 발효가 완료된 반죽 표면에 날카로운 칼을 사용해 칼집을 넣어 모양을 내는 작업입니다. 이렇게 반죽 표면에 칼집을 넣으면 굽는 과정에서 칼집 사이로 발효 가스가 더 많이 빠져나갈 수 있기 때문에 부피가 좋은 빵을 얻을 수 있습니다. 또한 쿠프는 빵의 내부 구조에도 영향을 미쳐 크럼이 가벼워지고 오밀조밀한 기공을 얻을 수 있습니다. 하지만 무엇보다도 칼집을 넣음으로써 완제품에 아름다운 시각적 효과를 줄 수 있습니다.

칼집을 넣을 때는 날이 잘 드는 쿠프 나이프를 준비해 손에 가볍게 쥔 다음 반죽 표면에 칼날을 비스듬히 세우고 칼끝이 반죽에 2~3㎜ 정도 들어간다는 느낌으로 한 번에 재빨리 그어 줍니다. 이때 반죽의 2차 발효가 적절하게 이뤄지지 않았거나, 빵 표면이 너무 건조하거나 축축하면 칼집을 넣을 때 칼날이 반죽에 걸리는 원인이 될 수 있으므로 반죽의 상태도 중요합니다.

한편 칼집의 개수, 각도에 따라 얻을 수 있는 빵의 내부 구조와 시각적 효과는 매우 달라집니다. 예를 들어 바게트처럼 틈이 귀가 열린 듯 벌어지는 칼집 모양을 내야 하는 경우 반죽 표면에 약 30° 정도의 각도를 주어 칼집을 넣습니다. 통밀빵과 같이 벌어진 칼집을 필요로 하지 않는 빵이라면 칼집을 넣을 때 칼날을 직각으로 똑바로 세워 작업합니다.

쿠프 넣기가
바게트의 내부 구조와
외관에 미치는 영향

쿠프 없음

빵 내부의 기공이 잘 열리지 않고
외관은 비교적 동그란 형태를 띱니다.

일자형 쿠프

다른 칼집 모양에 비해 납작하게 구워집니다.
빵 내부의 기공은 오밀조밀하며
가장 잘 열려 있습니다.

3~5 쿠프

가장 아름답고 균형이 좋은
외형을 갖습니다. 빵 내부의 기공도
잘 열려서 완성됩니다.

소시송(사선 모양) 쿠프

칼집을 많이 넣음으로써 반죽의 탄성이
증가해 빵이 동그랗게 구워집니다.
빵 내부의 기공도 잘 열려 구워집니다.

폴카(다이아몬드 모양) 쿠프

다른 칼집 모양에 비해 약간 퍼진 형태로
완성됩니다. 빵 내부의 기공도
오밀조밀하게 잘 열려 나오는 편입니다.

쿠프 모양에 따른 모양 차이

스팀(증기) 분사

쿠프 넣기를 완료한 빵 반죽을 오븐에 넣고 본격적으로 굽기 전, 스팀을 분사해 줍니다. 스팀을 넣으면 반죽의 표면이 급격하게 굳는 것을 막아 빵의 부푸는 시간을 늘릴 수 있고 이는 빵의 볼륨을 크게 만듭니다. 또한 빵 표면이 구워지는 동안 마르는 것을 방지해 완제품에서 윤기가 돌며 크러스트(겉껍질)가 얇고 바삭해집니다.

**스팀이 바게트의 내부 구조와
외관에 미치는 영향**

스팀 없음

크러스트에 윤기가 없고 두꺼워
식감이 뻑뻑하고 좋지 않습니다.

스팀 부족

크러스트에 윤기가 부족하고
쿠프 모양이 망가진 형태로 완성됩니다.

스팀 적당

크러스트에 보기 좋은 윤기가 나고
칼집 모양도 예쁘게 잘 열립니다. 빵의
전체적인 볼륨도 풍성하게 잘 나옵니다.

스팀 과다

크러스트가 기름기 도는 듯 번들번들하고
질긴 식감이 납니다. 빵의 전체적인
볼륨도 작게 구워집니다.

스팀에 따른 완제품의 차이

비에누아즈리

대부분의 비에누아즈리는 굽기 전 달걀물 등을 발라 마무리합니다. 이렇게 하면 오븐 안에서 반죽의 표면 온도가 급격하게 상승하는 것을 방지해 굳는 것을 늦출 수 있고 더 윤기 있고 풍성한 볼륨의 제품을 완성할 수 있습니다.

달걀물을 바를 때에는 붓에 의해 반죽이 찌그러질 수 있으므로 가볍게 바릅니다. 달걀물의 양이 너무 많으면 반죽 표면이 얼룩덜룩해지거나 철팬에 들러붙을 수 있고 반대로 달걀물의 양이 적으면 표면에 붓 자국이 남을 수 있으므로 주의합니다.

한편, 비에누아즈리 반죽의 구조는 매우 섬세하기 때문에 굽기 전 스팀 분사를 하면 반죽이 가라앉을 수 있으므로 별도의 스팀 분사 과정을 추가하지 않고 바로 굽습니다. '비에누아 빵'처럼 일부 제품은 굽기 전 가위, 쿠프 나이프 등을 사용해 쿠프를 넣는 경우도 있습니다. 대개 쿠프 작업은 2차 발효 전후로 이뤄지며, 하드 브레드 반죽보다는 살짝 더 깊게 칼집을 넣어 주어야 합니다. 칼집을 넣기 전 냉장고에 반죽을 5분 정도 두어 반죽을 차갑게 만들면 작업이 한결 수월해집니다.

달걀물 X	달걀물	달걀+노른자+우유	달걀+노른자+생크림

→ 윤기

달걀물 바르기와
쿠프 넣기

53

굽기

굽기 과정에서는 아래 적은 몇 가지 물리적, 화학적 반응으로 인해 오븐에서 반죽이 부풀게 되고 빵이 완성됩니다.

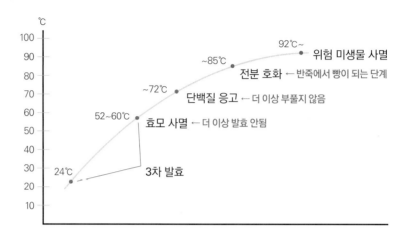

가스 생성

오븐의 열로 인해 생기는 발효 가스는 최종 빵의 부피를 결정하는 데 중요한 역할을 합니다. 반죽은 오븐에 들어가면서부터 열기로 인해 반죽 속 이스트의 활동이 활발해지고 다량의 발효 가스와 알코올을 생성시킵니다. 이어 50℃에 도달하면 가스 생산이 감소하기 시작하고, 대략 60℃ 정도가 되면 반죽 속 이스트가 모두 죽기 때문에 가스 생성이 완전히 멈춥니다.

효소의 비활성화

반죽의 온도가 70~80℃에 도달하면 반죽 속 모든 효소가 죽고 비활성화됩니다.

단백질의 응고

오븐의 열로 인해 반죽 내부에 발효 가스가 생성되면서 반죽은 오븐의 온도가 72℃에 도달할 때까지 계속 부풀어 오릅니다. 이 온도에서는 단백질이 응고돼 크러스트를 형성하고 반죽 내부의 가스는 이 크러스트로 인해 외부로 빠져나올 수 없어 빵의 부피는 더이상 커지지 않습니다.

전분의 호화

굽기 과정에서 오븐의 열로 인해 전분의 규칙적인 구조가 부분적으로 끊어지는데 이 상태의 전분을 손상 전분이라 합니다. 손상 전분은 흡수력이 커 더 많은 물을 흡수, 호화시켜 빵 내부의 구조를 만들게 됩니다. 전분의 호화는 60℃에서 시작하여 약 85℃에서 완료됩니다.

이때 손상 전분이 너무 많이 만들어지면 빵 반죽의 탄성이 떨어지고 호화 과정에서 아밀라아제가 절단돼, 끈적끈적한 식감과 함께 부서지는 식감이 나게 됩니다. 따라서 이 손상 전분의 과도한 영향을 줄이기 위해서 굽는 온도를 높게 유지하는 것이 중요합니다.

미생물 사멸
70~90℃에서는 잠재적으로 위험할 수 있는 모든 미생물이 사멸합니다. 우리는 이것을 저온 살균이라 부르기도 합니다.

캐러멜화
일반적으로 100℃ 정도가 되면 반죽의 캐러멜화가 진행됩니다. 효소 작용에 의해 당이나 반죽에 첨가된 설탕 등이 캐러멜화되면서 빵의 구움색과 풍미를 만들어 내지요. 당의 종류에 따라 캐러멜화되는 온도는 각기 다릅니다. 예를 들어 과당(프럭토스)은 105℃에서 캐러멜화가 시작되고 포도당은 160℃에서 진행됩니다. 따라서 더 강하고 깊은 풍미의 빵(특히 하드 브레드 계열)을 원한다면 캐러멜화가 충분히 될 수 있도록 오래 굽는 것이 좋습니다.

마이야르 반응
마이야르 반응이란 빵 반죽이 140~160℃ 사이에 도달하게 되면 반죽 속 환원당과 아미노산이 화학 반응을 일으켜 갈변화하는 것을 의미합니다. 캐러멜화와 마찬가지로 마이야르 반응 또한 비효소성 화학 반응이지요. 마이야르 반응으로 인해 빵은 먹음직스러운 구움색과 구수한 풍미를 갖게 됩니다.

데크 오븐 VS 컨벡션 오븐

어떤 오븐을 사용하느냐에 따라 완제품의 결과는 확연히 달라질 수 있습니다. 오븐의 종류에는 크게 데크 오븐과 컨벡션 오븐이 있으며 본인이 만드는 제품의 특성에 따라 이에 맞는 오븐을 적절하게 선택해야 합니다.

데크 오븐

일반적으로 데크 오븐은 매우 두꺼운 돌판 또는 강철로 만듭니다. 빵을 구울 때는 오랫동안 열이 잘 유지되는 것이 중요하므로 돌판 바닥의 데크 오븐을 사용하는 것이 좋습니다. 특히 하드 브레드의 경우 데크의 열에너지가 반죽에 잘 전달되어야 오븐 안에서 적절하게 부풀 수 있습니다. 더불어 스팀 분사 시스템도 필요하기 때문에 데크 오븐의 사용을 추천합니다. 요즘 대부분의 데크 오븐은 전기식이지만 가스 오븐을 사용해도 무방합니다. 전기식 데크 오븐은 각 단의 온도를 조절할 수 있다는 장점이 있어 사용하기 한결 편리합니다.

컨벡션 오븐

컨벡션 오븐은 내부에 장착된 팬이 돌아가면서 열을 순환시키고 오븐 곳곳에 열을 고르게 전달한다는 장점이 있습니다. 하지만 순환되는 열기로 인해 빵의 크러스트가 빠르게 건조되어 부피가 작게 완성되므로 하드 브레드보다는 크루아상과 같이 바삭하고 부서지기 쉬운 제품을 굽는 데 사용하면 더 적합합니다. 하지만 컨벡션 오븐에서도 데크 오븐과 같은 환경을 조성해 주면 충분히 훌륭한 하드 브레드를 완성할 수 있습니다. 먼저, 예열한 베이킹용 돌판에 빵 반죽을 올리고 예열한 컨벡션 오븐을 끈 상태에서 5~7분 동안 구운 다음 다시 오븐을 켜 굽기 과정을 끝냅니다. 이렇게 하면 팬에 의해 순환되는 열 바람 없이 적절하게 빵을 부풀어 오르게 할 수 있습니다.

데크 오븐

컨벡션 오븐

한눈에 보는 데크 오븐과 컨벡션 오븐의 차이

	적합한 제품군	반죽에 전달되는 에너지	굽는 속도	색상 대비
데크 오븐	• 모든 종류의 하드 브레드 (바게트, 사워도 빵, 치아바타 등) • 소프트 브레드 (브리오슈, 식빵 등)	⊕⊕⊕⊕	⊖	⊕⊕
이유	• 하드 브레드의 경우 좋은 부피를 얻기 위해서 열에너지와 스팀 분사 시스템이 필요함. • 소프트 브레드는 컨벡션 오븐보다 데크 오븐의 내부가 더 습해 겉껍질이 덜 마름.	데크의 열기	열 순환이 없음.	바닥, 천장, 측면에 온도 차이가 있어 빵의 각 면에 보기 좋은 구움색 차이를 만들어 냄.

	적합한 제품군	반죽에 전달되는 에너지	굽는 속도	색상 대비
컨벡션 오븐	• 비에누아즈리(크루아상, 퍼프 페이스트리, 퀸아망 등) • 틀 또는 팬에 넣고 굽는 빵 (식빵 등)	⊕⊕	⊕	⊖
이유	• 바람으로 인해 빵의 외부가 약간 건조되므로 바삭한 식감을 내야 하는 제품에 적합함. • 틀이나 팬에 반죽을 넣고 굽는 빵은 오븐 내부 곳곳에 열기가 전달돼 빵 전체가 고르게 구워짐.	팬에 의한 열기 순환	열 순환이 있음.	오븐 내부의 온도가 일정하기 때문에 구움색이 빵 전면에 매우 고르게 나타남.

요약하면, 굽는 방법을 조금 바꾸면 모든 제품을 데크 오븐 또는 컨벡션 오븐에서 구울 수 있습니다. 하지만 일반적으로 하드 브레드, 소프트 브레드는 데크 오븐에서 굽는 것이 더 유리하며 크루아상, 퍼프 페이스트리와 같은 래미네이션 작업을 한 반죽은 2종류의 오븐에서 모두 좋은 결과를 얻을 수 있습니다.

작업 과정이 반죽의 강도에 미치는 영향

제빵의 모든 과정은 반죽의 힘과 신장성, 탄성의 비율에 영향을 미칩니다. 앞서 설명했듯이 이는 반죽에 사용하는 재료, 레시피, 제빵 과정에서 반죽을 다루는 방식과 연관이 있습니다. 따라서 탄성과 신장성의 비율에 따라 각 단계를 유연하게 조절해 이들 간의 균형을 유지할 수 있도록 해야 합니다.

- 반죽에 탄성이 부족하면 빵이 매우 납작하고 부피가 작아집니다.
- 반죽에 신장성이 부족하면 빵이 매우 동그랗고 크럼이 조밀하며 부피가 작아집니다.

단계	탄성	신장성	이유와 균형을 맞추는 방법
오토리즈	⊖	⊕	프로티아제와 같은 효소의 작용으로 인해 오토리즈(수화)가 진행되는 동안 글루텐이 이완됩니다. 밀가루의 강도(단백질의 양)에 따라 오토리즈 시간은 달라지는데, 일반적으로 단백질의 양이 많을수록 오토리즈 시간을 길게 갖습니다.
믹싱	⊕⊕	⊕⊕	믹싱을 하는 동안 반죽에 글루텐이 형성되고 산화로 인해 반죽에 힘이 생깁니다. 하지만 믹싱 과정이 길어질수록 글루텐 그물망이 얇아지면서 신장성도 함께 증가하지요. 결론적으로 믹싱하는 동안 탄성과 신장성은 모두 증가합니다.
1차 발효	⊕⊕	⊖	발효가 진행되면서 발효 가스로 인해 반죽이 부풀고 글루텐의 탄성이 증가합니다.
분할 & 예비 성형	⊕⊕	⊖	반죽을 분할해 둥글리기하고, 늘이고 접는 등의 예비 성형을 마치면 반죽에 자극이 가해져 글루텐 구조가 팽팽해지고 반죽의 탄성이 더욱 강해집니다.
중간 발효	⊖⊖	⊕⊕	반죽의 신장성을 증가시키기 위해 필요합니다. 이전 단계의 작업으로 인해 반죽의 탄성이 높아졌으므로 성형하기 전 반죽에 쉬는 시간을 주는 것입니다. 이때 중간 발효 시간이 너무 짧으면 성형하는 과정에서 글루텐이 깨져 예쁜 모양으로 성형하기 어렵습니다.
성형	⊕⊕	⊖⊖	예비 성형과 마찬가지로 반죽을 접으면서 성형을 하게 되면 반죽이 팽팽해지면서 탄성이 증가합니다. 성형을 팽팽하게 했는가 느슨하게 했는가에 따라 2차 발효 시간이 달라지며, 팽팽하게 하여 반죽 속 글루텐의 힘이 강해질수록 2차 발효 시간을 길게 갖습니다.
2차 발효	⊖⊖	⊕⊕	최종 모양으로 성형한 반죽은 2차 발효를 시작합니다. 이 시간 동안 반죽은 탄성을 잃습니다. 발효 과정에서 생성된 가스들이 반죽 속 글루텐 그물망을 밀어 올려 신장성이 증가하고 글루텐 그물망은 얇아집니다.
쿠프(칼집) 넣기	⊖⊖	⊕⊕	빵에 쿠프를 넣으면 반죽의 탄성이 떨어지고 굽는 과정에서 더 큰 부피를 얻을 수 있습니다.
스팀(증기) 분사	⊖⊖	⊕⊕	반죽에 스팀을 분사하면 글루텐의 신장성이 더욱 늘어나 빵의 부피가 커집니다.
굽기	⊕⊕⊕	⊖⊖⊖	오븐의 열에너지가 반죽에 전달돼 탄성이 증가합니다.

École du Pain
Master Class

PART 2

Master Class Recipes

마스터클래스 레시피

01
—
Les Pains Classiques

클래식 빵

전통 바게트
Baguette de
Tradition

INGRÉDIENTS

프랑스밀가루 1000g
└ T65 트래디션
물 630g
소금 20g
생이스트 7g
리퀴드 사워도 150g
바시나주 물 70g

MÉTHODE DE TRAVAIL

기본 온도	56℃	분할	250g
오토리즈	30분~1시간	예비 성형	타원형(16㎝)
믹싱	1단 5분 → 2단 1분	중간 발효	실온 / 30~40분
희망 반죽 온도	23~24℃	성형	바게트 모양(38㎝)
1차 발효	실온 / 40분	2차 발효	실온 / 1시간
펀치	1회	스팀	3초
냉장 발효	2℃ 냉장고 / 15시간	굽기	데크 오븐 윗불 250℃, 아랫불 250℃ / 22분

BAGUETTE DE
Tradition

* 바시나주

바시나주(Bassinage)는 반죽에 들어가는 수분의 일부를 남겼다가 믹싱 마지막에 넣는 것을 의미한다. 일반적으로 반죽에서 밀가루 대비 수분의 양이 70% 이상이면 이 방법을 통해 물을 나눠 넣는 것이 좋다. 바시나주 방법을 사용하면 믹싱이 편해지고 바게트에 기공이 잘 생기는 장점이 있다.

FABRICATION PROCESSUS

1 믹서볼에 프랑스밀가루, 물을 넣고 가루가 보이지 않을 때까지 2분 동안 믹싱한다.
   tip) 믹싱 시간은 스파이럴 믹서 기준이다. 버티컬 믹서를 사용할 경우, 반죽의 상태를 확인하면서 믹싱 시간을 더 늘린다.

2 비닐을 덮어 실온에서 30분~1시간 동안 둔다. (오토리즈)

3 소금, 생이스트, 리퀴드 사워도를 넣고 1단 5분, 2단 1분 동안 믹싱한다.

4 표면이 매끄러워지면서 반죽이 한 덩어리가 될 때까지 믹싱한 다음 바시나주* 물을 넣고 2단에서 반죽에 물이 모두 섞일 때까지 믹싱한다.
   tip) 반죽에 글루텐이 생기고 점성이 있으며, 반죽을 떼어 늘여 보았을 때 지문이 비치면 믹싱이 완성된 것이다.

1-❶

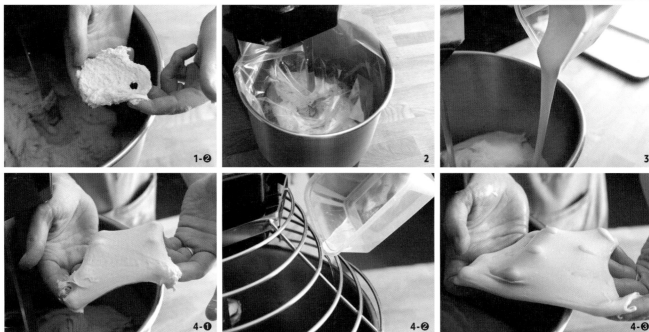

1-❷   2   3

4-❶   4-❷   4-❸

5 오일(분량 외)을 바른 반죽통에 반죽을 넣고 실온에서 40분 동안 1차 발효시킨다.

tip) 오일은 올리브유를 제외한 식용유 등의 식물성 유지를 사용한다.

6 반죽에 펀치*를 준 뒤 2℃ 냉장고에서 15시간 동안 냉장 발효시킨다.

tip) 반죽통을 돌려가며 반죽을 아래에서 위로 가볍게 접어 준다. 펀치가 끝나면 반죽 전체를 뒤집어 깨끗한 면이 위로 오게 한다.

tip) 냉장 발효는 반죽의 상태를 확인해 12~24시간 이내로 진행한다.

7 실온에서 반죽의 온도가 6~8℃가 될 때까지 30분~1시간 동안 둔 뒤 250g씩 분할한다.

tip) 반죽은 스크레이퍼를 이용해 최대한 직사각형으로 분할한다.

* 펀치

펀치는 반죽 안의 불규칙한 발효 가스를 빼줌과 동시에 새로운 산소를 넣어 발효를 활성화시키는 과정이다. 펀치를 주면 반죽의 힘과 탄력이 좋아진다.

8 반죽의 표면을 가볍게 두드려 가스를 빼고 반으로 접어 올린 뒤 위에서부터 말면서 접어 16㎝ 길이의 타원형이
되도록 예비 성형한다.
    tip) 이음매 부분을 손바닥 끝으로 눌러 정리한다.
9 나무판에 옮겨 반죽의 온도가 16℃가 될 때까지 실온에서 30~40분 동안 중간 발효시킨다.
10 반죽의 표면을 손바닥으로 가볍게 두드려 가스를 빼고 평평하게 편다.
11 아래에서부터 위로 말면서 접어 38㎝ 길이의 바게트 모양이 되도록 성형한다.
    tip) 엄지손가락을 이용해 반죽을 안으로 밀어 넣으면서 접고, 다른 한 손의 손바닥 끝으로 접은 반죽을 눌러 가며
    이음매를 정리한다. 성형이 끝나면 반죽을 가운데에서 양끝으로 가볍게 밀어 바게트 모양을 잡는다.

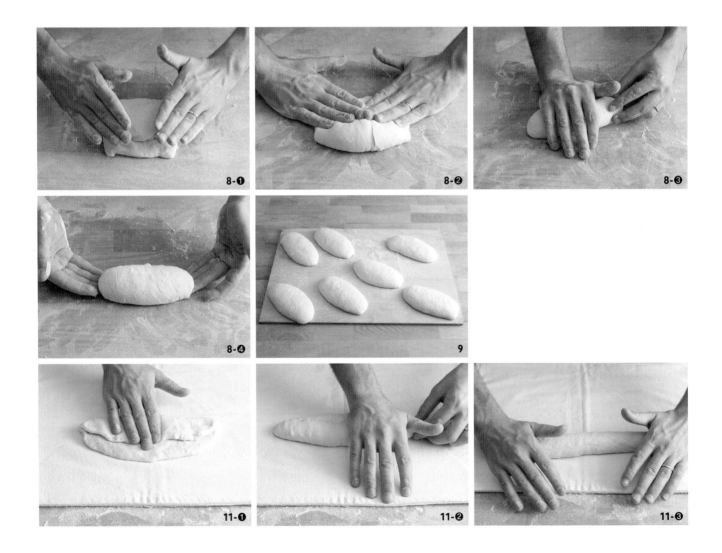

＊쿠프

프랑스어로 '자르기'를 뜻하는 쿠프 (Coupe)는 성형한 빵 반죽의 표면에 칼집을 내는 작업을 의미한다. 쿠프는 빵의 전체적인 모양을 돋보이게 할 뿐 만 아니라 오븐에서 반죽이 구워지는 동안 반죽의 결, 가스 발산, 열전도에 좋은 영향을 미친다.

12 나무판에 천을 깔고 반죽을 이음매가 위를 향하도록 놓은 후 실온에서 1시간 동안 2차 발효시킨다.

  tip) 천을 일정한 간격으로 접으면서 반죽을 놓는다.

  tip) 반죽을 손가락으로 가볍게 눌렀을 때 손자국이 살짝 남으면 2차 발효가 끝난 것이다.

13 테프론 시트를 깐 나무판에 반죽의 이음매가 아래를 향하도록 놓는다.

  tip) 반죽 사이에 일정한 간격을 두고 놓는다.

14 윗면에 덧가루(분량 외)를 뿌리고 사선으로 쿠프＊를 4개 넣는다.

  tip) 덧가루는 프랑스밀가루(T65)를 사용한다.

15 윗불 250℃, 아랫불 250℃ 데크 오븐에서 3초 동안 스팀을 분사한 다음 22분 동안 굽는다.

  tip) 스팀을 알맞게 넣으면 크러스트가 얇고 윤기 나는 바게트를 완성할 수 있다. 반면 스팀의 양이 부족하면 바게트의 크러스트가 두꺼워지고 거칠게 구워진다.

12-❶   12-❷   13

14-❶   14-❷   15

캄파뉴
Campagne

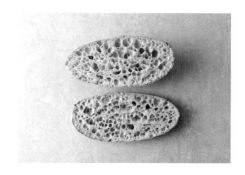

INGRÉDIENTS

프랑스밀가루 850g
└ T65 트래디션
호밀 가루 150g
물 650g
소금 18g
생이스트 6g
묵은 반죽 250g
바시나주 물 100g

MÉTHODE DE TRAVAIL

기본 온도	58℃	분할	250g
믹싱	1단 4분 → 2단 4분	중간 발효	실온 / 30~40분
희망 반죽 온도	23~24℃	성형	바타르 모양(22㎝)
1차 발효	실온 / 45분	2차 발효	실온 / 1시간 15분
펀치	1회	스팀	3초
냉장 발효	2℃ 냉장고 / 15시간	굽기	데크 오븐 윗불 250℃, 아랫불 240℃ / 24분

01
클래식 빵

Campagne

FABRICATION PROCESSUS

1 믹서볼에 바시나주 물을 제외한 모든 재료를 넣고 1단 4분, 2단 4분 동안 믹싱한다.

   tip) 믹싱 시간은 스파이럴 믹서 기준이다. 버티컬 믹서를 사용할 경우, 반죽의 상태를
   확인하면서 믹싱 시간을 더 늘린다.

2 표면이 매끄러워지면서 반죽이 한 덩어리가 되면 바시나주 물을 넣고 2단에서 반죽에
   물이 모두 섞일 때까지 믹싱한다.

   tip) 반죽에 글루텐이 생기고 점성이 있으며, 반죽을 떼어 늘여 보았을 때 지문이 비치면
   믹싱이 완성된 것이다.

3 오일(분량 외)을 바른 반죽통에 반죽을 넣고 실온에서 45분 동안 1차 발효시킨다.

   tip) 오일은 올리브유를 제외한 식용유 등의 식물성 유지를 사용한다.

4 반죽에 펀치를 준 다음 2℃ 냉장고에서 15시간 동안 냉장 발효시킨다.

   tip) 냉장 발효는 반죽의 상태를 확인해 12~24시간 이내로 진행한다.

5 실온에서 반죽의 온도가 6~8℃가 될 때까지 30분~1시간 동안 둔다.

6 250g씩 분할하고 둥글리기한다.

   tip) 반죽은 스크레이퍼를 이용해 최대한 직사각형으로 분할한다.

   tip) 둥글리기할 때는 반죽을 반으로 접어 올린 뒤 위에서부터 아래로 말면서 접고 양 손바닥으로
   반죽을 감싼다. 그리고 반죽의 가장자리 부분을 안으로 넣어 준다는 느낌으로 둥글리기한다.

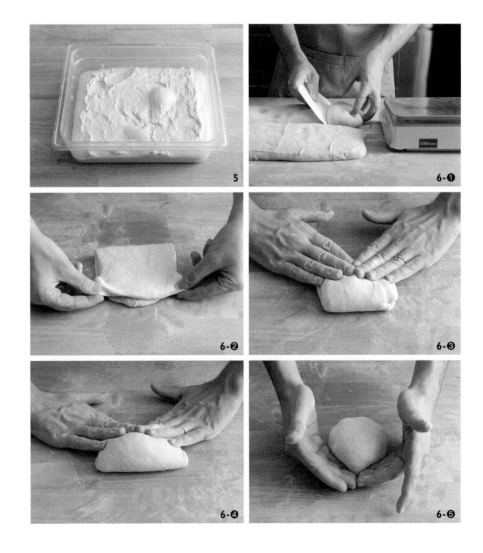

7 나무판에 옮겨 반죽의 온도가 16℃가 될 때까지 실온에서 30~40분 동안 중간 발효시킨다.

8 천에 옮겨 반죽의 표면을 손바닥으로 가볍게 두드려 가스를 빼고 평평하게 편다.

9 반죽의 아랫부분 1/3을 가운데로 접고 눌러준다.

10 반죽의 윗부분 1/3을 겹쳐 접은 뒤 손바닥 끝으로 이음매를 눌러 22㎝ 길이의 바타르 모양이 되도록 성형한다.

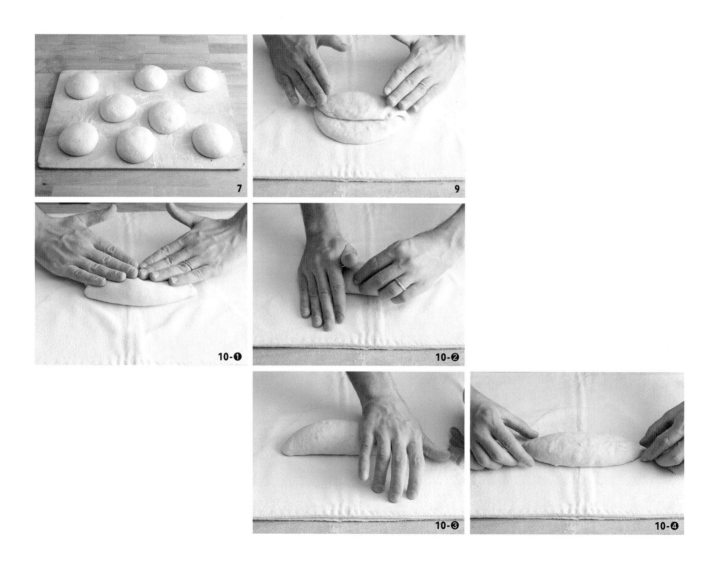

11 나무판에 천을 깔고 덧가루(분량 외)를 뿌린 뒤 성형한 반죽의 이음매가 위를 향하도록 놓는다.
> **tip)** 덧가루는 프랑스밀가루(T65)를 사용한다.
> **tip)** 천을 일정한 간격으로 접으면서 반죽을 놓는다.

12 실온에서 1시간 15분 동안 2차 발효시킨다.

13 테프론 시트를 깐 나무판에 반죽의 이음매가 아래를 향하도록 놓는다.
> **tip)** 반죽 사이에 일정한 간격을 두고 놓는다.

14 윗면에 세로로 길게 쿠프를 1개 넣는다.
> **tip)** 통통한 모양의 제품은 쿠프를 1개만 넣었을 때 칼집이 제일 잘 벌어지고 모양도 예쁘다.

15 윗불 250℃, 아랫불 240℃ 데크 오븐에서 3초 동안 스팀을 분사한 후 24분 동안 굽는다.

통밀빵
Pain
Complet

INGRÉDIENTS

통밀 가루 1000g
물 750g
소금 18g
생이스트 15g
묵은 반죽 300g

MÉTHODE DE TRAVAIL

기본 온도	56℃	중간 발효	실온 / 15분
믹싱	1단 4분 → 2단 4분	성형	바타르 모양(25㎝)
희망 반죽 온도	24~25℃	2차 발효	실온 / 30분
1차 발효	실온 / 1시간 15분	스팀	3초
분할	350g	굽기	데크 오븐 윗불 250℃, 아랫불 250℃ / 30분

PAIN
Complet

FABRICATION PROCESSUS

1 믹서볼에 모든 재료를 넣고 1단 4분, 2단 4분 동안 믹싱한다.

    tip) 믹싱 시간은 버티컬 믹서 기준이다. 스파이럴 믹서를 사용해도 무방하다.

    tip) 반죽 표면이 매끄럽고 탄력이 있으면서, 반죽을 떼어 늘여 보았을 때 지문이 비치면 믹싱이 완성된 것이다.

2 오일(분량 외)을 바른 반죽통에 반죽을 넣고 실온에서 1시간 15분 동안 1차 발효시킨다.

    tip) 오일은 올리브유를 제외한 식용유 등의 식물성 유지를 사용한다.

3 350g씩 분할하고 둥글리기한다.

    tip) 반죽은 스크레이퍼를 이용해 최대한 직사각형으로 분할한다.

    tip) 둥글리기할 때는 반죽을 위에서부터 아래로 말면서 접은 다음 양손으로 반죽을 감싸고 반죽의 가장자리 부분을 안으로 넣어 준다는 느낌으로 둥글리기한다.

1-①

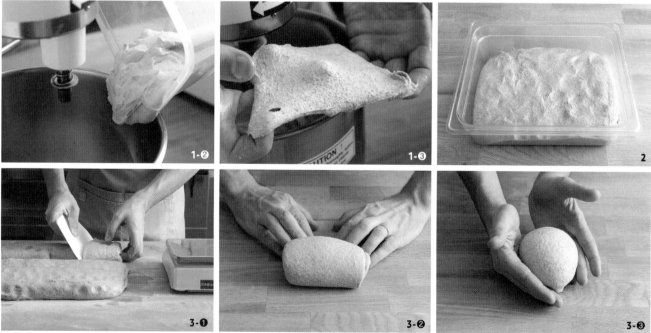

1-②   1-③   2

3-①   3-②   3-③

4 나무판에 반죽을 일정한 간격으로 놓고 실온에서 15분 동안 중간 발효시킨다.

5 반죽의 표면을 손바닥으로 가볍게 두드려 가스를 빼고 평평하게 편다.

6 반죽을 위에서부터 아래로 말면서 접는다.

　tip) 접을 때마다 손바닥 끝으로 눌러가며 접는다.

7 이음매를 손바닥 끝으로 누른 다음 25㎝ 길이의 바타르 모양이 되도록 성형한다.

8 나무판에 천을 깔고 성형한 반죽의 이음매가 아래를 향하게 하여
　일정한 간격으로 놓은 뒤 윗면에 통밀 가루(분량 외)를 뿌린다.

　tip) 천을 일정한 간격으로 접으면서 반죽을 놓는다.

9 윗면에 사선으로 깊게 쿠프를 넣는다.

10 실온에서 30분 동안 2차 발효시킨다.

11 나무판에 테프론 시트를 깔고 반죽을 일정한 간격으로 놓는다.

　tip) 반죽을 스크레이퍼로 옮기면 편하다.

12 윗불 250℃, 아랫불 250℃ 데크 오븐에서 3초 동안 스팀을 분사한 후 30분 동안 굽는다.

호밀빵
Pain de
Seigle

INGRÉDIENTS

호밀 풀리시
물 330g
생이스트 0.5g
호밀 가루 250g

호밀빵
호밀 가루 500g
강력분 250g
물 410g
소금 18g
생이스트 8g
호밀 풀리시 전량

MÉTHODE DE TRAVAIL

기본 온도	68℃	중간 발효	실온 / 10분
믹싱	1단 6분	성형	바타르 모양(25cm)
희망 반죽 온도	24~25℃	2차 발효	실온 / 40분
1차 발효	실온 / 30분	스팀	4초
분할	430g	굽기	데크 오븐 윗불 250℃, 아랫불 250℃ / 35분

PAIN DE
Seigle

FABRICATION PROCESSUS

1 볼에 물, 생이스트를 넣고 거품기로 고루 섞는다.

2 호밀 가루를 넣고 고무 주걱으로 고루 섞는다.

3 랩으로 덮어 실온에서 18시간 동안 발효시킨다. (호밀 풀리시)

4 믹서볼에 호밀 풀리시와 모든 재료를 넣고 1단에서 6분 동안 믹싱한다.

tip) 호밀 풀리시에 본반죽에 들어가는 물의 일부를 넣으면, 볼에서 호밀 풀리시를 말끔하게 떼어낼 수 있다.

tip) 믹싱 시간은 버티컬 믹서 기준이다. 호밀 가루는 글루텐이 잘 생성되지 않기 때문에 믹서볼의 크기가 넓은 스파이럴 믹서보다는 믹서볼의 크기가 상대적으로 좁은 버티컬 믹서로 믹싱하는 것이 더 적합하다.

82

5 오일(분량 외)을 바른 반죽통에 반죽을 넣고 실온에서 30분 동안 1차 발효시킨다.

　　tip) 오일은 올리브유를 제외한 식용유 등의 식물성 유지를 사용한다.

6 나무판에 오일(분량 외)을 고루 바른다.

7 반죽을 430g씩 분할하고 둥글리기한다.

　　tip) 반죽은 스크레이퍼를 이용해 최대한 직사각형으로 분할한다.

　　tip) 반죽의 네 귀퉁이를 가운데로 모아 접은 다음 반죽을 뒤집어 가장자리 부분을
안으로 넣어준다는 느낌으로 둥글리기한다.

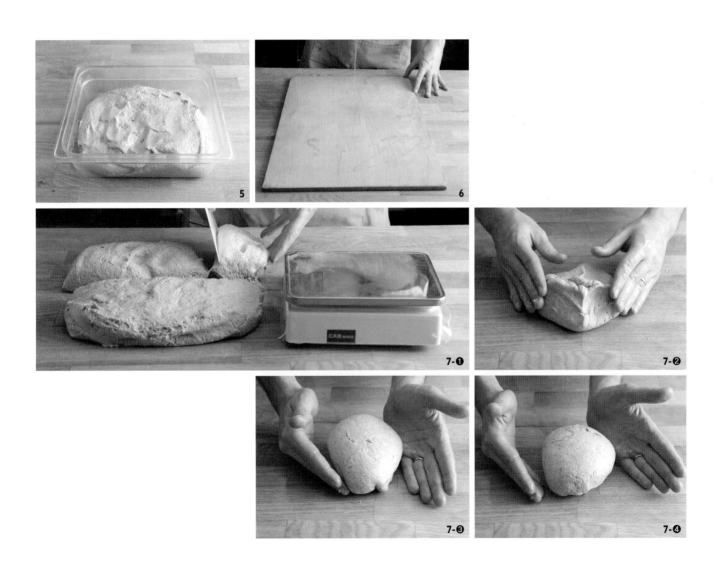

8 오일을 바른 나무판에 반죽을 일정한 간격으로 놓고 실온에서 10분 동안 중간 발효시킨다.

9 반죽을 가볍게 눌러 타원형으로 늘린 다음 반죽 아랫부분 1/3을 가운데로 접고 눌러 준다.

10 반죽의 윗부분 1/3을 아래로 접은 뒤 이음매를 손바닥 끝으로 눌러 25㎝ 길이의 바타르 모양이 되도록 성형한다.

11 나무판에 천을 깔고 성형한 반죽의 이음매가 아래를 향하도록 놓는다.

12 윗면에 덧가루(분량 외)를 뿌리고 사선으로 쿠프를 넣는다.

　　tip) 덧가루는 프랑스밀가루(T65)를 사용한다.

　　tip) 반죽 윗면 가운데를 남기고 양옆에 사선으로 촘촘히 쿠프를 넣거나 v자형으로 쿠프를 이어
　　넣어도 좋다.

13 실온에서 40분 동안 2차 발효시킨다.

14 테프론 시트를 깐 나무판에 반죽을 일정한 간격으로 놓는다.

　　tip) 반죽은 스크레이퍼로 옮기면 편하다.

15 윗불 250℃, 아랫불 250℃ 데크 오븐에서 4초 동안 스팀을 분사한 후 35분 동안 굽는다.

곡물빵
Pain aux
Céréales

INGRÉDIENTS

잡곡 믹스
호박씨 70g
아마씨 70g
검은깨 70g
물 210g

곡물빵
프랑스밀가루 825g
ㄴ T65 트래디션
호밀 가루 75g
통밀 가루 100g
물 640g

소금 18g
생이스트 6g
리퀴드 사워도 150g
바시나주 물 60g
잡곡 믹스 전량

MÉTHODE DE TRAVAIL

기본 온도	58℃	분할	320g
믹싱	1단 4분 → 2단 4분	중간 발효	실온 / 30~40분
희망 반죽 온도	23~24℃	성형	바타르 모양(15㎝, +잡곡 믹스)
1차 발효	실온 / 1시간 15분	2차 발효	실온 / 1시간 15분
펀치	1회	스팀	3초
냉장 발효	2℃ 냉장고 / 15시간	굽기	데크 오븐 윗불 240℃, 아랫불 240℃ / 24분

PAIN AUX
Céréales

FABRICATION PROCESSUS

1   철팬에 호박씨, 아마씨, 검은깨를 펼쳐 놓고 180℃ 오븐에서 10분 동안 구워 전처리한다.

2   볼에 1과 물을 넣고 섞은 다음 랩으로 덮어 2℃ 냉장고에서 12시간 동안 불린다. (잡곡 믹스)

3   믹서볼에 바시나주 물, 잡곡 믹스를 제외한 모든 재료를 넣고 1단 4분, 2단 4분 동안 믹싱한다.

4   표면이 매끄러워지면서 반죽이 한 덩어리가 되면 바시나주 물을 넣고 2단에서 반죽에 물이 모두 섞일 때까지 믹싱한다.

5   잡곡 믹스를 넣고 1단에서 약 2분 동안 반죽에 잡곡 믹스가 고루 섞일 때까지 믹싱한다.

   tip) 반죽 표면이 매끄럽고 탄력이 있으면서, 반죽을 떼어 늘여 보았을 때 지문이 비치면 믹싱이 완성된 것이다.

6 오일(분량 외)을 바른 반죽통에 반죽을 넣고 실온에서 1시간 15분 동안 1차 발효시킨다.

   tip) 오일은 올리브유를 제외한 식용유 등의 식물성 유지를 사용한다.

7 반죽에 펀치를 준 뒤 2℃ 냉장고에서 15시간 동안 냉장 발효시킨다.

   tip) 냉장 발효는 반죽의 상태를 확인해 12~24시간 이내로 진행한다.

8 실온에서 반죽의 온도가 6~8℃가 될 때까지 30분~1시간 동안 둔다.

9 320g씩 분할하고 둥글리기한다.

   tip) 반죽은 스크레이퍼를 이용해 최대한 직사각형으로 분할한다.

   tip) 둥글리기할 때는 반죽을 반으로 접어 올린 뒤 위에서부터 아래로 말면서 접고 양 손바닥으로 반죽을 감싼다. 그리고 반죽의 가장자리 부분을 안으로 넣어 준다는 느낌으로 둥글리기한다.

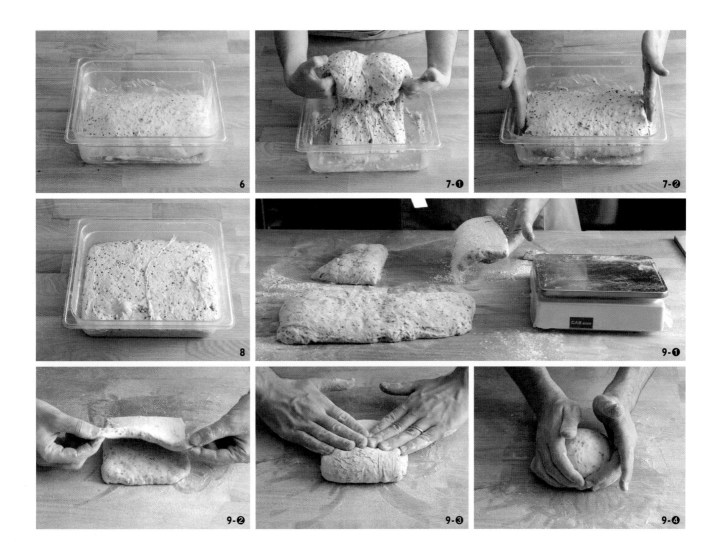

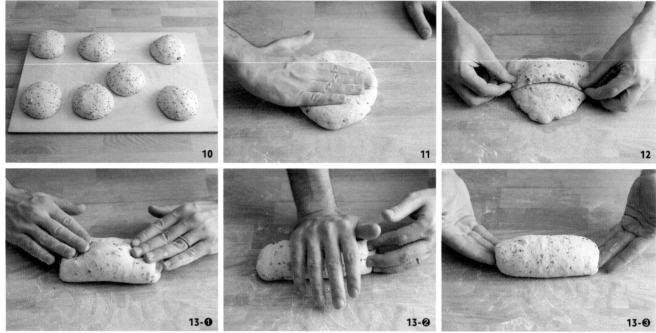

10 나무판에 반죽을 일정한 간격으로 놓고 반죽의 온도가 16℃가 될 때까지 실온에서 30~40분 동안 중간 발효시킨다.

11 반죽의 표면을 손바닥으로 가볍게 두드려 가스를 빼고 평평하게 편다.

12 반죽의 아랫부분 1/3을 가운데로 접고 손바닥 끝으로 누른다.

13 반죽의 윗부분 1/3을 겹쳐 접은 후 이음매를 손바닥 끝으로 눌러 15cm 길이의 바타르 모양이 되도록 성형한다.

14 볼에 젖은 키친타월을 놓고 반죽의 윗면에 물기를 묻힌 다음 꺼낸다.

15 플라스틱 용기에 잡곡 믹스(분량 외)를 넣고 반죽의 윗면에 묻힌다.

    tip) 잡곡 믹스는 같은 양의 해바라기씨, 아마씨, 검은깨, 호박씨, 조를 섞어 사용한다.

16 15.5×7.5×6.6㎝ 크기의 직사각형팬에 성형한 반죽의 이음매가 아래를 향하도록 팬닝한다.

17 실온에서 1시간 15분 동안 2차 발효시킨다.

    tip) 곡물빵 반죽을 손가락으로 눌렀을 때 천천히 다시 올라오면 2차 발효가 완료된 것이다.

18 윗불 240℃, 아랫불 240℃ 데크 오븐에서 3초 동안 스팀을 분사한 다음 24분 동안 굽고 바로 팬에서 빵을 빼 식힌다.

식빵
Pain de
Mie

INGRÉDIENTS

강력분 1000g   설탕 50g
물 350g   꿀 50g
우유 300g   생이스트 22g
소금 18g   버터 100g

MÉTHODE DE TRAVAIL

기본 온도	36℃	중간 발효	실온 / 20분
믹싱	1단 4분 → 2단 7분	성형	이봉형(17×12.5×12.5㎝)
희망 반죽 온도	24~25℃	2차 발효	온도 28℃, 습도 80% 발효실 / 1시간 45분
1차 발효	실온 / 50분	마무리	달걀물 바르기
분할	280g	굽기	데크 오븐 윗불 180℃, 아랫불 210℃ / 30분

FABRICATION PROCESSUS

1 믹서볼에 모든 재료를 넣고 1단 4분, 2단 7분 동안 믹싱한다.

  tip) 재료는 액체 → 가루의 순서로 넣는다.

  tip) 믹싱 시간은 버티컬 믹서 기준이다.

  tip) 반죽 표면이 매끄럽고 탄력이 있으면서, 반죽을 떼어 늘여 보았을 때 지문이 비치면 믹싱이 완성된 것이다.

2 반죽통에 반죽을 넣고 실온에서 50분 동안 1차 발효시킨다.

3 280g씩 분할하고 둥글리기한다.

  tip) 반죽은 스크레이퍼를 이용해 최대한 직사각형으로 분할한다.

  tip) 둥글리기할 때는 반죽을 위에서부터 아래로 말면서 접은 다음 양손으로 반죽을 감싸고 반죽의 가장자리 부분을 안으로 넣어준다는 느낌으로 둥글리기한다.

4 나무판에 반죽을 일정한 간격으로 놓고 실온에서 20분 동안 중간 발효시킨다.

5 반죽을 밀대로 가볍게 눌러 가스를 뺀 다음 타원형으로 밀어 편다.

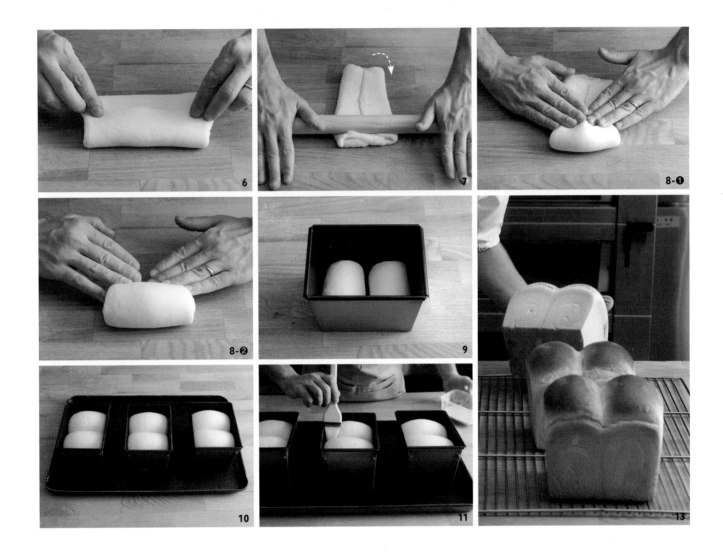

6 반죽의 윗부분과 아랫부분을 겹쳐 접는다.

7 반죽을 90°로 돌리고 밀대로 길게 밀어 편다.

8 반죽을 위에서부터 아래로 타이트하게 말면서 접는다.

9 이음매를 손가락으로 꼬집어 정리한 뒤 17×12.5×12.5㎝ 크기의 식빵팬에 이음매가 아래를 향하게 하여 2개씩 팬닝한다.

10 온도 28℃, 습도 80% 발효실에서 1시간 45분 동안 2차 발효시킨다.

11 윗면에 달걀물(분량 외)을 붓으로 조심스럽게 바른다.

    tip) 달걀물은 노른자 50g, 달걀 50g, 우유 50g을 섞어 사용한다.

    tip) 달걀물을 많이 바르면 틀 옆으로 달걀물이 흘러 완제품의 옆면이 얼룩덜룩해지므로 주의한다.

12 윗불 180℃, 아랫불 210℃ 데크 오븐에서 30분 동안 굽는다.

13 오븐에서 꺼내자마자 팬을 작업대에 가볍게 내리쳐 충격을 준 후 팬에서 빼 식힘망에 옮기고 완전히 식힌다.

    tip) 오븐에서 꺼내자마자 빵을 빼지 않으면 팬 안의 열기 때문에 눅눅해지고 옆면이 가라앉게 된다.

비에누아 빵

Pain
Viennois

INGRÉDIENTS

강력분 1000g
우유 600g
달걀 100g
소금 18g
설탕 80g
생이스트 17g
버터 150g

MÉTHODE DE TRAVAIL

기본 온도	36℃	중간 발효	2℃ 냉장고 / 15시간
믹싱	1단 4분 → 2단 7분	성형	바타르 모양(15㎝)
희망 반죽 온도	24~25℃	2차 발효	온도 28℃, 습도 80% 발효실 / 1시간 30분
1차 발효	실온 / 40분	마무리	달걀물 바르기
분할	200g	굽기	데크 오븐 윗불 215℃, 아랫불 180℃ / 16분

PAIN
Viennois

/
FABRICATION PROCESSUS

1 믹서볼에 모든 재료를 넣고 1단 4분, 2단 7분 동안 믹싱한다.

   tip) 재료는 액체 → 가루의 순서로 넣는다.

   tip) 믹싱 시간은 스파이럴 믹서 기준이다.

   tip) 반죽 표면이 매끄럽고 탄력이 있으면서, 반죽을 떼어 늘여 보았을 때 지문이 비치면 믹싱이 완성된 것이다.

2 반죽통에 반죽을 넣고 실온에서 40분 동안 1차 발효시킨다.

3 200g씩 분할하고 둥글리기한다.

   tip) 반죽은 스크레이퍼를 이용해 최대한 직사각형으로 분할한다.

   tip) 둥글리기할 때는 반죽을 위에서부터 아래로 말면서 접은 다음 양손으로 반죽을 감싸고 반죽의 가장자리 부분을 안으로 넣어준다는 느낌으로 둥글리기한다.

4 알루미늄 트레이에 반죽을 일정한 간격으로 놓고 비닐을 덮는다.

5 2℃ 냉장고에서 15시간 동안 중간 발효시킨다.

6 반죽을 밀대로 가볍게 눌러 가스를 뺀 뒤 타원형으로 밀어 편다.

1-❶

1-❷

2

3-❶

3-❷

4

6

7 반죽의 윗부분과 아랫부분을 겹쳐 접는다.

8 반죽을 위에서부터 아래로 말면서 접어 15㎝ 길이의 바타르 모양으로 성형한다.

9 반죽의 성형이 끝나자마자 사선으로 쿠프를 촘촘하게 넣는다.

    tip) 반죽의 텍스처가 말랑말랑하기 때문에 2차 발효 전에 쿠프를 넣어야 깔끔하게 모양을 낼 수 있다.

10 15.5×7.5×6.5㎝ 크기의 직사각형팬에 반죽을 팬닝한다.

    tip) 쿠프의 모양이 망가지지 않도록 반죽을 조심스럽게 팬닝한다.

11 온도 28℃, 습도 80% 발효실에서 1시간 30분 동안 2차 발효시킨다.

12 윗면에 달걀물(분량 외)을 붓으로 조심스럽게 바른다.

    tip) 달걀물은 노른자 50g, 달걀 50g, 우유 50g을 섞어 사용한다.

13 윗불 215℃, 아랫불 180℃ 데크 오븐에서 16분 동안 굽는다.

14 오븐에서 팬을 꺼낸 뒤 바로 팬에서 빵을 빼 식힘망에 옮기고 완전히 식힌다.

    tip) 오븐에서 꺼내자마자 빵을 빼지 않으면 팬 안의 열기 때문에 눅눅해지고 옆면이 가라앉게 된다.

02
|
Les Viennoiseries Classiques

클래식 비에누아즈리

크루아상 반죽

Pâte a
Croissant

INGRÉDIENTS

프랑스밀가루 700g
└ T55 그뤼오
프랑스밀가루 300g
└ T65 트래디션
물 430g
달걀 50g
소금 18g
설탕 130g
생이스트 50g
버터 125g
묵은 반죽(비에누아즈리) 200g
충전용 버터 500g

MÉTHODE DE TRAVAIL

기본 온도	36℃
믹싱	1단 8분 → 2단 5분
희망 반죽 온도	24~25℃
분할	990g
1차 발효❶	실온 / 20분
펀치	1회
1차 발효❷	실온 / 20분
냉동 발효	-18℃ 냉동고 / 30분
냉장 발효	-2℃ 냉장고 / 15시간
접기	3절 접기 1회 → 4절 접기 1회
휴지	-18℃ 냉동고 / 25분

FABRICATION PROCESSUS

1   믹서볼에 충전용 버터를 제외한 모든 재료를 넣고 1단 8분, 2단 5분 동안 믹싱한다.

   tip) 믹싱 전 모든 재료를 냉장고에서 최소 2시간 이상 보관해 차가운 상태로 준비한다.

   tip) 믹싱 시간은 스파이럴 믹서 기준이다.

   tip) 반죽에 글루텐이 적당히 생기고 탄력이 있으면서 반죽을 떼어 늘여 보았을 때 지문이 비치면 믹싱이 완성된 것이다.

2   반죽을 990g씩 분할해 손으로 가볍게 누르면서 평평하게 편 다음 둥글리기한다.

3   반죽통에 반죽을 넣고 실온(23~24℃)에서 20분 동안 1차 발효시킨다.

4   반죽에 펀치를 1회 준다.

5   반죽통에 넣어 실온에서 20분 동안 다시 발효시킨다.

103

6 파이롤러를 사용해 반죽을 60×20㎝ 크기의 직사각형으로 밀어 편다.

　　tip) 파이롤러를 사용하면 빠른 시간 안에 밀어 펼 수 있어 반죽의 온도가 높아지는 것을 방지할 수 있다.

　　tip) 반죽의 양끝을 당겨서 사각형으로 모양을 잡아 가며 접는다.

7 반죽의 양옆을 가운데로 겹쳐 접은 뒤 파이롤러를 사용해 40×20㎝ 크기의 직사각형으로 밀어 편다.

8 알루미늄 트레이에 반죽을 옮겨 비닐로 덮는다.

9 -18℃ 냉동고에서 30분 동안 냉동 발효시킨다.

10 -2℃ 냉장고로 옮겨 15시간 동안 냉장 발효시킨다.

　　tip) 오랜 시간 냉장 발효를 거치면 발효도 활발해지고 완제품에서 좋은 발효 향이 난다.

11 충전용 버터를 250g씩 분할한 후 20㎝ 크기의 정사각형으로 밀어 펴 냉장고에 보관한다.

　　tip) 충전용 버터는 사용하기 30분 전에 미리 실온에 꺼내 둔다. 버터를 밀어 펼 때는 비닐로 버터를 감싼 다음 밀대로 두들기며
　　작업하면 편리하다.

　　tip) 시트형 버터가 아닌 일반 버터로 작업할 경우에는 약 2℃ 정도 더 낮은 온도에서 작업하는 것이 좋다.

12 충전용 버터의 온도를 13℃로 맞추고 냉장고에서 꺼낸 10의 반죽 가운데에 놓는다.

　　tip) 작업하기 알맞은 충전용 버터의 온도는 12~16℃ 사이이다. 숙련도가 떨어진다면 이보다 낮은 온도로 준비해 작업한다.

13 반죽의 윗부분과 아랫부분을 잘라 충전용 버터 윗면에 붙인다.

14 반죽을 90°로 회전시켜 반죽의 위아래를 밀대로 누른 다음 반죽을
가운데에서부터 끝으로 60×20㎝ 크기의 직사각형이 될 때까지 밀어 편다.
tip) 반죽의 위아래를 밀대로 눌러 버터의 끝부분을 얇게 만들면 접기 작업이
한결 수월해진다.

15 3절 접기 1회 한 뒤 반죽의 양옆을 칼로 자른다. 〔3절접기1회〕
tip) 반죽의 양옆을 잘라 반죽의 힘을 한 번 끊어 주면 다음 단계에서 수축 등의
변형이 일어나지 않는다.

16 반죽을 90°로 회전시켜 80×20㎝ 크기의 직사각형으로 밀어 편다.

17 4절 접기 1회 한 후 −18℃ 냉동고에서 25분 동안 휴지시킨다. 〔4절접기1회〕

크루아상
Croissant

INGRÉDIENTS

크루아상 반죽(102p 참고)
└ 3절 접기 1회 → 4절 접기 1회

MÉTHODE DE TRAVAIL

중간 밀기	45×27×0.6㎝
휴지	-2℃ 냉장고 / 30분
최종 밀기	76×27×0.35㎝
재단	27×9㎝ 크기의 삼각형(16개)
성형	크루아상 모양
2차 발효	온도 28℃, 습도 70~80% 발효실 / 2시간 15분
마무리	달걀물 바르기
굽기	데크 오븐 윗불 210℃, 아랫불 200℃ / 15분

Croissant

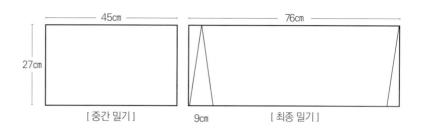

45cm
27cm
[중간 밀기]

76cm
9cm
[최종 밀기]

FABRICATION PROCESSUS

1 휴지를 마친 크루아상 반죽(102p 참고)의 양옆을 칼로 자르고 파이롤러를 사용해 45×27×0.6㎝ 크기의 직사각형으로 밀어 편다.

   tip) 파이롤러를 사용할 때는 반죽과 비슷한 두께부터 시작해 조금씩 얇은 두께가 되도록 단계적으로 조절한다.

2 −2℃ 냉장고에서 30분 동안 휴지시킨다.

3 파이롤러를 사용해 반죽을 76×27×0.35㎝ 크기의 직사각형으로 밀어 편다.

4 반죽의 위아래를 칼로 얇게 잘라 정리한다.

   tip) 가장자리를 자르면 크루아상의 버터 층이 더욱 잘 벌어진다.

5 왼쪽 가장자리를 사선으로 자르고 자를 이용해 반죽의 치수를 잰다.

6 반죽의 가운데를 칼로 살짝 표시하고 파이롤링커터의 간격을 9㎝로 세팅해 반죽에 표시한 뒤 9×27㎝ 크기의 삼각형으로 자른다.(16개)

7 삼각형 밑변 가운데에 1㎝ 크기의 칼집을 넣는다.

   tip) 칼집을 넣으면 성형할 때 버터 층을 누르지 않고 밑변을 넓게 벌릴 수 있어 모양 잡기에 좋다.

9cm

8 밑변 반죽을 양옆으로 살짝 당기면서 칼집 낸 부분을 삼각형으로 접는다.

9 반죽을 밑변에서 꼭짓점 방향으로 돌돌 만다.

tip) 반죽을 말 때 손가락 끝의 힘을 빼고 만다. 반죽을 다 말면 꼭짓점 부분을 살짝 눌러 몸통에 붙인다.

10 철팬에 일정한 간격으로 팬닝한다.

11 온도 28℃, 습도 70~80% 발효실에서 2시간 15분 동안 2차 발효시킨다.

12 표면에 달걀물(분량 외)을 붓으로 조심스럽게 바른다.

tip) 달걀물은 노른자 50g, 달걀 50g, 우유 50g을 섞어 사용한다.

13 윗불 210℃, 아랫불 200℃ 데크 오븐에서 15분 동안 굽는다.

tip) 컨벡션 오븐으로 구울 경우 175℃에서 14~15분 동안 굽는다.

14 식힘망에 옮겨 완전히 식힌다.

팽 오 쇼콜라

Pain au
Chocolat

INGRÉDIENTS

크루아상 반죽(102p 참고)
ㄴ 3절 접기 1회 → 4절 접기 1회
스틱초콜릿 32개

MÉTHODE DE TRAVAIL

중간 밀기	40×30×0.6㎝
휴지	-2℃ 냉장고 / 30분
최종 밀기	66×30×0.3㎝
재단	15×8㎝ 크기의 직사각형(16개)
성형	팽 오 쇼콜라 모양
2차 발효	온도 28℃, 습도 70~80% 발효실 / 2시간
마무리	달걀물 바르기
굽기	데크 오븐 윗불 210℃, 아랫불 200℃ / 16분

PAIN AU
Chocolat

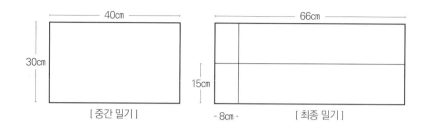

[중간 밀기] [최종 밀기]

40cm / 30cm / 66cm / 15cm / 8cm

1-❶

1-❷

FABRICATION PROCESSUS

1 휴지를 마친 크루아상 반죽(102p 참고)의 양옆을 칼로 자르고 40×30×0.6㎝ 크기의 직사각형이 될 때까지 파이롤러를 사용해 밀어 편다.

2 −2℃ 냉장고에서 30분 동안 휴지시킨다.

3 반죽이 66×30×0.3㎝ 크기의 직사각형이 될 때까지 파이롤러를 사용해 밀어 편다.

4 반죽의 위아래를 칼로 얇게 잘라 정리한다.

5 반죽의 치수를 재 가운데를 길게 자른다.

6 파이롤링커터의 간격을 8㎝로 세팅해 반죽에 표시한 뒤 8×15㎝ 크기의 직사각형으로 자른다.(16개)

3 4 5-❶

5-❷ 8cm 6-❶ 6-❷

7 반죽의 윗부분에 스틱초콜릿 1개를 올리고 반죽을 한 바퀴 감는다.

8 다시 스틱초콜릿 1개를 올리고 힘을 뺀 손끝으로 돌돌 만다.

9 철판에 이음매가 아래를 향하도록 하여 팬닝한다.

10 온도 28℃, 습도 70~80% 발효실에서 2시간 동안 2차 발효시킨다.

11 표면에 달걀물(분량 외)을 붓으로 조심스럽게 바른다.

　　tip) 달걀물은 노른자 50g, 달걀 50g, 우유 50g을 섞어 사용한다.

12 윗불 210℃, 아랫불 200℃ 데크 오븐에서 16분 동안 굽는다.

　　tip) 컨벡션 오븐으로 구울 경우 175℃에서 15분 동안 굽는다.

13 식힘망에 옮겨 완전히 식힌다.

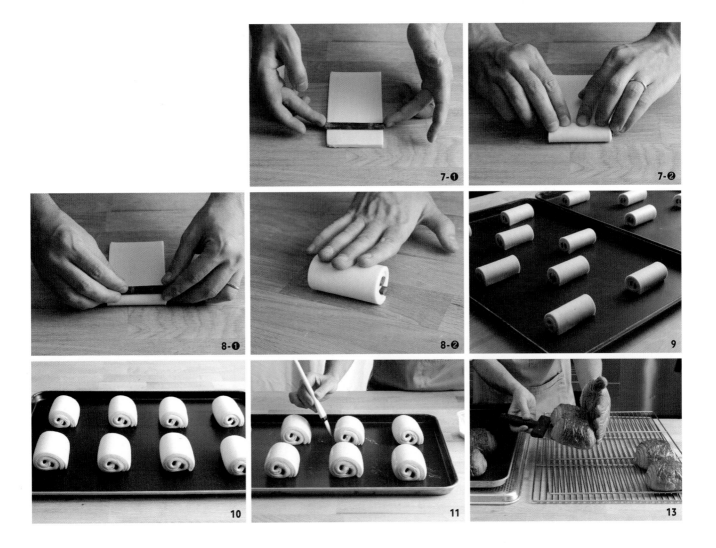

팽 오 레쟁
Pain aux
Raisins

INGRÉDIENTS

커스터드 크림
우유 200g
설탕 40g
노른자 32g
옥수수 전분 16g
버터 16g

건포도 전처리
건포도 210g
물 80g
럼 10g

시럽
물 100g
설탕 100g
럼 10g

팽 오 레쟁
크루아상 반죽(102p 참고)
└ 3절 접기 2회
커스터드 크림 250g
건포도 전처리 300g
시럽 적당량

MÉTHODE DE TRAVAIL

중간 밀기	34×40×0.6㎝
휴지	-2℃ 냉장고 / 30분
최종 밀기	52×40×0.3㎝
재단	3㎝ 두께의 원형(16개, +커스터드 크림, 건포도 전처리)
2차 발효	온도 28℃, 습도 70~80% 발효실 / 2시간
굽기	데크 오븐 윗불 210℃, 아랫불 200℃ / 16분
마무리	시럽 바르기

02 | 클래식 비에누아즈리

PAIN AUX
Raisins

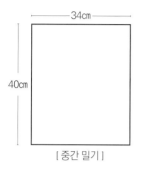

[중간 밀기]

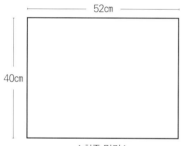

[최종 밀기]

FABRICATION PROCESSUS

1 냄비에 우유, 설탕 1/3을 넣고 끓인다.

2 볼에 노른자, 남은 설탕, 옥수수 전분을 넣고 거품기로 고루 섞는다.

3 2에 1을 조금씩 나누어 넣어 가며 섞는다.

4 다시 냄비에 옮겨 크림 상태가 될 때까지 저어 가며 가열한다.

tip) 크림이 매끈해지고 윤기가 나면 불에서 내린다.

5 불에서 내려 버터를 넣고 섞은 다음 볼에 옮겨 랩을 밀착시키고 냉장고에서 보관한다.

커스터드 크림

tip) 커스터드 크림은 3일 동안 냉장 보관 가능하다.

6 밀폐 용기에 건포도, 물, 럼을 넣고 섞은 뒤 뚜껑을 덮고 냉장고에서 보관한다. 건포도 전처리

7 냄비에 물, 설탕을 넣고 끓인 후 볼에 옮겨 럼을 넣고 섞는다.

8 랩으로 감싸 냉장고에서 보관한다. 시럽

9 휴지를 마친 크루아상 반죽을 파이롤러를 사용해 34×40×0.6cm 크기의 직사각형으로 밀어 편다.

tip) 크루아상 반죽은 102p의 크루아상 기본 반죽 1-15의 공정을 진행한 뒤, 반죽을 90°로 회전시킨다. 그리고 60×20cm 크기의 직사각형으로 밀어 펴 3절 접기 1회 한 다음 −18℃ 냉동고에서 25분 동안 휴지시켜 사용한다.

10 −2℃ 냉장고에서 30분 동안 휴지시킨다.

11 반죽을 파이롤러를 사용해 52×40×0.3cm 크기의 직사각형으로 밀어 편다.

12 반죽의 위아래를 칼로 얇게 잘라 정리한다.

13 반죽의 아래 3cm 부분을 밀대로 밀어 편다.

14 커스터드 크림을 평평하게 펴 바르고 건포도 전처리를 고루 뿌린다.

15 위에서부터 아래로 타이트하게 돌돌 만다.

16 반죽 아래 3㎝ 부분에 물(분량 외)을 붓으로 가볍게 바르고 이음매를 붙인다.

17 가장자리를 잘라 정리하고 3㎝ 두께로 자른다.(16개)

    tip) 파이롤링커터의 폭을 3㎝로 세팅해 미리 반죽에 간격을 표시하면 작업하기 수월하다.

18 타공 철팬에 유산지를 깔고 오일(분량 외)을 뿌린 다음 반죽을 일정한 간격으로 팬닝한다.

19 온도 28℃, 습도 70~80% 발효실에서 2시간 동안 2차 발효시킨다.

20 윗불 210℃, 아랫불 200℃ 데크 오븐에서 16분 동안 굽는다.

    tip) 컨벡션 오븐으로 구울 경우 175℃에서 16분 동안 굽는다.

21 오븐에서 꺼내자마자 시럽을 붓으로 바른다.

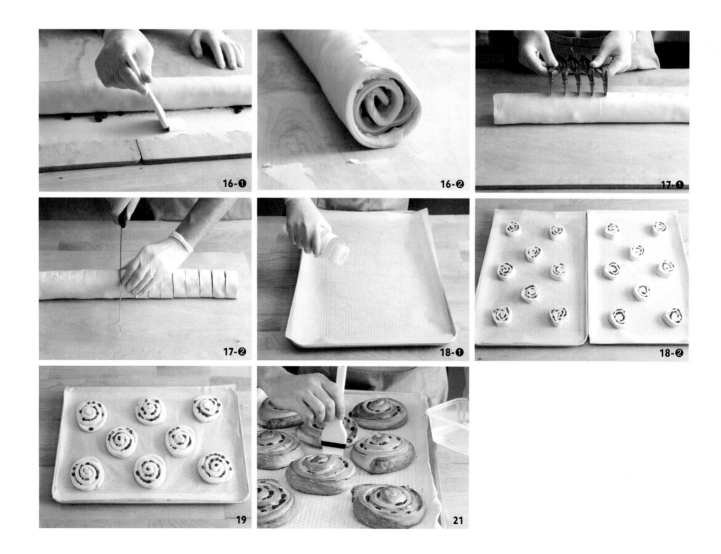

팽 스위스
Pain Suisse

INGRÉDIENTS

초코칩 커스터드 크림
커스터드 크림 400g
초코칩 50g

팽 스위스
크루아상 반죽(102p 참고)
ㄴ 3절 접기 2회
초코칩 커스터드 크림 450g

MÉTHODE DE TRAVAIL

중간 밀기	40×32×0.6㎝
휴지	-2℃ 냉장고 / 30분
최종 밀기	78×32×0.3㎝
재단	5×32㎝ 크기의 직사각형(15개)
성형	리본 모양(+초코칩 커스터드 크림 30g)
2차 발효	온도 28℃, 습도 70~80% 발효실 / 2시간
마무리	달걀물 바르기
굽기	데크 오븐 윗불 205℃, 아랫불 200℃/ 16분

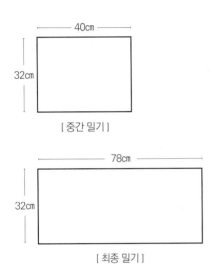

————— 40cm —————

32cm

[중간 밀기]

————————— 78cm —————————

32cm

[최종 밀기]

FABRICATION PROCESSUS

1 볼에 커스터드 크림을 넣고 고무 주걱으로 부드럽게 푼다.
   tip)커스터드 크림은 116p를 참고해 만든다.

2 초코칩을 넣고 고루 섞는다.

3 짤주머니에 넣고 냉장고에서 보관한다. (초코칩 커스터드 크림)

4 휴지를 마친 크루아상 반죽의 가장자리를 잘라 정리한 다음 파이롤러를 사용해
   40×32×0.6㎝ 크기의 직사각형이 되도록 밀어 편다.

   tip) 크루아상 반죽은 102p의 크루아상 기본 반죽 1-15의 공정을 진행한 뒤, 반죽을 90°로
   회전시킨다. 그리고 60×20㎝ 크기의 직사각형으로 밀어 펴 3절 접기 1회 한 다음 −18℃
   냉동고에서 25분 동안 휴지시켜 사용한다.

5 −2℃ 냉장고에서 30분 동안 휴지시킨다.

6 파이롤러를 사용해 반죽을 78×32×0.3㎝ 크기의 직사각형이 되도록 밀어 편다.

7 가장자리를 얇게 잘라 정리한다.

8 반죽의 치종를 재 5×32㎝ 크기의 직사각형으로 자른다.(15개)

9 반죽 가운데에 초코칩 커스터드 크림을 30g씩 일자로 길게 짠다.

10 반죽의 윗부분 1/4을 아래로 접은 후 물(분량 외)을 살짝 바른다.

11 아랫부분을 윗부분 반죽에 겹쳐 접는다.

12 유산지를 깐 타공 철판에 반죽의 이음매가 아래를 향하도록 하여 팬닝한다.

13 온도 28℃, 습도 70~80% 발효실에서 2시간 동안 2차 발효시킨다.

14 윗면에 달걀물(분량 외)을 바른다.

> **tip)** 달걀물은 노른자 50g, 달걀 50g,
> 우유 50g을 섞어 사용한다.

15 윗불 205℃, 아랫불 200℃ 데크 오븐에서 16분 동안 굽는다.

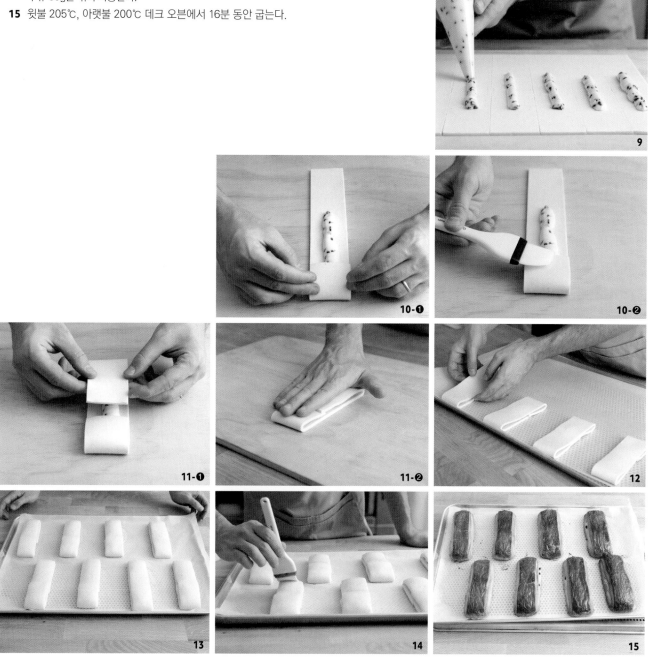

브리오슈 반죽
Pâte a
Brioche

INGRÉDIENTS

프랑스밀가루 750g	소금 18g
└ T55 그뤼오	설탕 180g
프랑스밀가루 250g	생이스트 25g
└ T65 트래디션	묵은 반죽 200g
달걀 630g	버터 500g

MÉTHODE DE TRAVAIL

기본 온도	36℃
믹싱	1단 4분 → 2단 5분(버터 조금씩 투입)
희망 반죽 온도	24~25℃
1차 발효	실온 / 1시간
펀치	1회
냉동 발효	-18℃ 냉동고 / 1시간
냉장 발효	2℃ 냉장고 / 15시간

FABRICATION PROCESSUS

1 믹서볼에 버터를 제외한 모든 재료를 넣고 1단 4분, 2단 5분 동안 믹싱한다.

   tip) 믹싱 전 모든 재료를 냉장고에서 최소 2시간 이상 보관해 차가운 상태로 준비한다.

   tip) 믹싱 시간은 버티컬 믹서 기준이다. 반죽이 끈적끈적해 상대적으로 믹서볼이 좁은
   버티컬 믹서로 믹싱해야 믹싱이 잘 된다. 만약 스파이럴 믹서를 사용한다면 믹싱 시간을 조절해
   조금 더 믹싱한다.

2 버터의 1/3을 넣고 3~4분 동안 믹싱한 다음 버터 1/3을 넣고 1단에서 2분 동안 믹싱한다.

   tip) 글루텐이 70~80% 형성된 상태에서 버터를 넣는다.

   tip) 차가운 상태의 버터를 작게 썰어 넣으면 빠르게 잘 섞인다.

   tip) 다음 버터는 반죽에 버터가 완전히 섞이면서 한 덩어리가 되어 볼에서 떨어질 정도가
   되었을 때 넣는다.

3 남은 버터를 넣고 1단에서 반죽에 버터가 완전히 섞일 때까지 약 5~10분 동안 믹싱한다.

   tip) 반죽에 글루텐이 100% 생겨 탄력이 있으면서, 반죽을 떼어 늘여 보았을 때 지문이 비치면
   믹싱이 완성된 것이다.

4 반죽통에 반죽을 넣고 실온(23~24℃)에서 1시간 동안 1차 발효시킨다.

5 반죽에 펀치를 1회 준다.

   tip) 반죽을 위에서 아래로 접고 왼쪽에서 오른쪽으로, 오른쪽에서 왼쪽으로 가볍게 접은 뒤
   반죽 전체를 뒤집어 깨끗한 면이 위로 오게 한다.

6 비닐을 깐 알루미늄 트레이에 반죽을 놓고 다른 비닐을 덮은 후
   밀대로 납작하게 밀어 편다.

7 −18℃ 냉동고에서 1시간 동안 냉동 발효시킨 다음
   2℃ 냉장고로 옮겨 15시간 동안 냉장 발효시킨다.

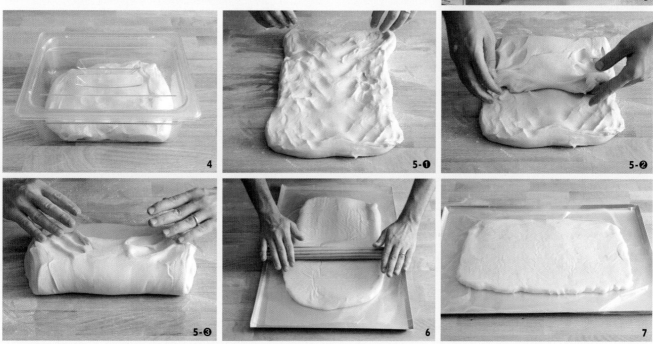

브리오슈 낭테르

Brioche
Nanterre

INGRÉDIENTS

브리오슈 반죽(124p 참고)
우박 설탕 적당량

MÉTHODE DE TRAVAIL

분할	45g
중간 발효	2℃ 냉장고 / 1시간
성형	원형(21.5×9.5×9.5㎝ 크기의 식빵팬)
2차 발효	온도 28℃, 습도 70~80% 발효실 / 2시간
마무리	달걀물 바르기, 우박 설탕 뿌리기
굽기	데크 오븐 윗불 165℃, 아랫불 170℃ / 28분

BRIOCHE
Nanterre

/
FABRICATION PROCESSUS

1 냉장 발효를 마친 브리오슈 반죽(124p 참고)을 45g씩 분할하고 둥글리기한다.
   tip) 반죽은 스크레이퍼를 이용해 최대한 직사각형으로 분할한다.
2 알루미늄 트레이에 덧가루를 뿌린 다음 반죽을 일정한 간격으로 놓는다.
   tip) 덧가루는 강력분을 사용한다.
3 비닐을 덮고 2℃ 냉장고에서 최소 1시간 동안 중간 발효시킨다.
4 반죽을 다시 둥글리기 한 뒤 21.5×9.5×9.5㎝ 크기의 식빵팬에 8개씩 팬닝한다.
   tip) 팬닝한 반죽의 간격이 일정하지 않으면 구웠을 때 모양이 들쑥날쑥해지므로 간격에 주의해 팬닝한다.

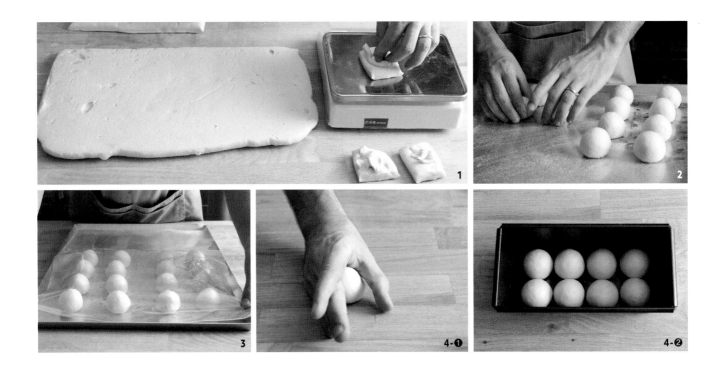

128

5 온도 28℃, 습도 70~80% 발효실에서 2시간 동안 2차 발효시킨다.

6 윗면에 달걀물(분량 외)을 붓으로 조심스럽게 바른다.

    tip) 달걀물은 노른자 50g, 달걀 50g, 우유 50g을 섞어 사용한다.

7 윗면 가운데에 우박 설탕을 뿌린다.

8 윗불 165℃, 아랫불 170℃ 데크 오븐에서 28분 동안 굽는다.

9 오븐에서 꺼내자마자 팬을 작업대에 가볍게 내리쳐 충격을 주고 팬에서 뺀다.

10 식힘망에 옮겨 완전히 식힌다.

브리오슈 쉬크레

Brioche
Sucrée

INGRÉDIENTS

브리오슈 반죽(124p 참고)
우박 설탕 적당량

MÉTHODE DE TRAVAIL

분할	60g
중간 발효	2℃ 냉장고 / 1시간
성형	원형
2차 발효	온도 28℃, 습도 70~80% 발효실 / 2시간
마무리	달걀물 바르기, 십자 모양 가위집 넣기
	우박 설탕 뿌리기
굽기	데크 오븐 윗불 180℃, 아랫불 180℃ / 13분

BRIOCHE
Sucrée

FABRICATION PROCESSUS

1 냉장 발효를 마친 브리오슈 반죽(124p 참고)을 60g씩 분할하고 둥글리기한다.
   tip) 반죽은 스크레이퍼를 이용해 최대한 직사각형으로 분할한다.
2 알루미늄 트레이에 반죽을 일정한 간격으로 놓는다.
3 비닐을 덮고 2℃ 냉장고에서 최소 1시간 동안 중간 발효시킨다.
4 반죽을 다시 둥글리기한 다음 철팬에 일정한 간격으로 팬닝한다.

5 온도 28℃, 습도 70~80% 발효실에서 2시간 동안 2차 발효시킨다.

6 윗면에 달걀물(분량 외)을 붓으로 조심스럽게 바른다.

  tip) 달걀물은 노른자 50g, 달걀 50g, 우유 50g을 섞어 사용한다.

7 윗면에 가위를 사용해 1.5㎝ 깊이의 십자 모양 가위집을 넣는다.

  tip) 가윗날에 물을 묻힌 뒤 가위집을 넣는다.

8 가운데에 우박 설탕을 뿌린다.

9 윗불 180℃, 아랫불 180℃ 데크 오븐에서 13분 동안 굽는다.

10 오븐에서 꺼내자마자 식힘망에 옮겨 식힌다.

브리오슈 타르트 쉬크레

Brioche
Tarte Sucrée

INGRÉDIENTS

브리오슈 반죽(124p 참고)
버터 적당량
설탕 적당량

MÉTHODE DE TRAVAIL

분할	200g
예비 성형	원형(11㎝)
중간 발효	2℃ 냉장고 / 1시간
성형	원형(19㎝)
2차 발효	온도 28℃, 습도 70~80% 발효실 / 1시간 45분 →
	2℃ 냉장고 / 10분
마무리	버터 짜 넣기, 설탕 뿌리기
굽기	데크 오븐 윗불 180℃, 아랫불 180℃ / 12분

BRIOCHE
Tarte Sucrée

1 냉장 발효를 마친 브리오슈 반죽(124p 참고)을 200g씩 분할하고 둥글리기한다.

tip) 반죽의 네 귀퉁이를 안으로 접은 다음 뒤집어 양손으로 반죽을 감싸고 반죽의 가장자리를 안으로 집어 넣는다는 느낌으로 둥글리기한다.

2 반죽을 손으로 가볍게 눌러 지름 11㎝ 크기의 원형으로 만든다.

3 알루미늄 트레이에 반죽을 놓고 비닐로 덮은 뒤 2℃ 냉장고에서 최소 1시간 동안 중간 발효시킨다.

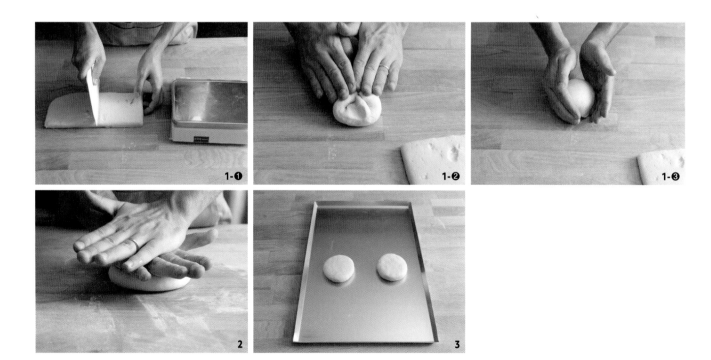

136

4 반죽을 밀대를 사용해 지름 19㎝ 크기의 원형으로 밀어 편다.

5 타공 철팬에 유산지를 깔고 반죽을 일정한 간격으로 팬닝한다.

6 온도 28℃, 습도 70~80% 발효실에서 1시간 45분 동안 2차 발효시킨다.

7 2℃ 냉장고로 옮겨 10분 동안 더 발효시킨다.

8 반죽 윗면을 손가락으로 눌러 일정한 간격의 구멍을 만든다.

9 버터를 부드럽게 풀어 짤주머니에 넣고 구멍에 짜 넣는다.

10 윗면에 설탕을 고루 뿌린다.

11 윗불 180℃, 아랫불 180℃ 데크 오븐에서 12분 동안 굽는다.

12 오븐에서 꺼내자마자 스크레이퍼를 사용해 식힘망에 옮겨 식힌다.

퀸아망 반죽
Pâte
Kouign-Amann

INGRÉDIENTS

강력분 1000g
우유 700g
소금 20g
생이스트 40g
버터 125g
묵은 반죽(비에누아즈리 반죽) 150g

MÉTHODE DE TRAVAIL

기본 온도	42℃
믹싱	1단 4분 → 2단 6분
희망 반죽 온도	24~25℃
분할	500g
1차 발효	실온 / 40분
펀치	1회
냉동 발효	-18℃ 냉동고 / 30분
냉장 발효	-2℃ 냉장고 / 15시간

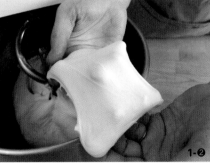

FABRICATION PROCESSUS

1 믹서볼에 모든 재료를 넣고 1단 4분, 2단 6분 동안 믹싱한다.

   tip) 믹싱 전 모든 재료를 냉장고에서 최소 2시간 이상 보관해 차가운 상태로 준비한다.

   tip) 믹싱 시간은 스파이럴 믹서 기준이다.

   tip) 반죽에 글루텐이 적당히 생기고 탄력이 있으면서 반죽을 떼어 늘여 보았을 때 지문이 비치면 믹싱이 완성된 것이다.

2 반죽을 500g씩 분할해 손으로 가볍게 누르면서 평평하게 편 다음 반죽의 위아래를 가운데로 모아 접고 뒤집는다.

3 반죽통에 반죽을 넣고 실온(23~24℃)에서 40분 동안 1차 발효시킨다.

4 파이롤러를 사용해 반죽을 45×15cm 크기의 직사각형으로 밀어 편다.

5 펀치한 뒤 파이롤러를 사용해 30×15cm 크기의 직사각형으로 밀어 편다.

   tip) 반죽의 양옆을 가운데로 모아 접어 펀치한다. 이때 반죽의 양끝을 당겨서 사각형으로 모양을 잡아 가며 접는다.

6 비닐을 깐 알루미늄 트레이에 반죽을 옮기고 다른 비닐로 덮는다.

7 −18℃ 냉동고에서 30분 동안 냉동 발효시킨다.

8 −2℃ 냉장고로 옮겨 15시간 동안 냉장 발효시킨다.

   tip) 오랜 시간 냉장 발효를 거치면 발효도 활발해지고 완제품에서 좋은 발효 향이 난다.

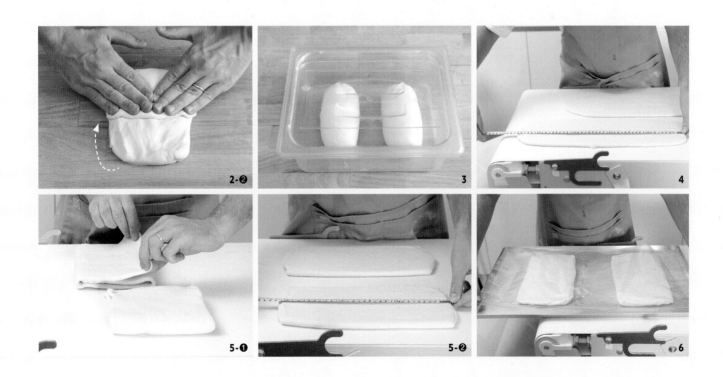

퀸아망
Kouign-Amann

INGRÉDIENTS

버터 페이스트
충전용 버터 100g
설탕 190g
소금 2g

퀸아망
퀸아망 반죽(138p 참고) 500g
충전용 버터 100g
버터 페이스트 전량

MÉTHODE DE TRAVAIL

접기	4절 접기 2회
최종 밀기	36×24×0.6㎝
재단	11㎝ 크기의 정사각형(6개)
성형	사각형
2차 발효	온도 28℃, 습도 70~80% 발효실 / 30분
굽기	컨벡션 오븐 165℃ / 32분

Kouign-Amann

FABRICATION PROCESSUS

1 믹서볼에 13℃로 온도를 맞춘 충전용 버터, 설탕, 소금을 넣고 1단에서 5분 동안 믹싱한다.
   tip) 버티컬 믹서를 사용해 페이스트 상태가 될 때까지 믹싱한다.

2 비닐로 버터를 감싼 다음 밀대를 사용해 15㎝ 크기의 정사각형이 되도록 밀어 편다.

3 온도 13℃ 냉장고에서 보관한다. (버터 페이스트)

4 냉장 발효를 마친 퀸아망 반죽(138p 참고) 가운데에 15㎝ 크기의 정사각형으로 밀어 편 충전용
   버터(13℃)를 놓는다.
   tip) 충전용 버터는 사용하기 30분 전에 미리 실온에 꺼내 둔다. 버터를 밀어 펼 때는 비닐로 버터를
   감싼 다음 밀대로 두들기며 작업하면 편리하다.

5 반죽의 윗부분과 아랫부분을 잘라 충전용 버터 윗면에 붙인다.

6 반죽을 90°로 회전시켜 반죽의 위아래를 밀대로 누른 다음 반죽을 가운데에서부터 끝으로
   밀어 편다.

7 파이롤러를 사용해 65×15㎝ 크기의 직사각형이 되도록 밀어 편다.

8 반죽을 양끝을 3/4, 1/4로 비율로 각각 접는다.

   tip) 반죽의 양끝을 당겨서 사각형으로 모양을 잡아 가며 접는다.

9 반죽 한쪽 끝에 버터 페이스트를 올리고 반으로 접는다. (4절접기1회)

10 반죽의 가장자리를 밀대로 눌러 버터 페이스트가 반죽 밖으로 나오지 않게 한다.

11 반죽을 90°로 회전시킨 뒤 파이롤러를 사용해 60×15㎝ 크기의 직사각형이 되도록 밀어 편다.

12 다시 4절 접기를 1회 한 후 파이롤러를 사용해 36×24×0.6㎝ 크기의 직사각형이 되도록 밀어 편다. (4절 접기 2회)

    tip) 파이롤러를 사용할 때는 반죽과 비슷한 두께부터 시작해 조금씩 얇은 두께가 되도록 단계적으로 조절한다.

13 반죽의 가장자리를 잘라 정리한다.

14 11㎝ 크기의 정사각형으로 자른다.(6개)

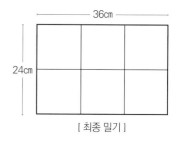

[최종 밀기]

15 반죽의 네 귀퉁이를 가운데로 모아 접는다.

16 지름 10㎝, 높이 5㎝ 크기의 원형팬에 성형한 반죽을 뒤집어 팬닝한다.

17 온도 28℃, 습도 70~80% 발효실에서 30분 동안 2차 발효시킨다.

18 165℃ 컨벡션 오븐에서 32분 동안 굽는다.

19 오븐에서 꺼내자마자 퀸아망을 팬에서 뺀 뒤 뒤집어서 다시 팬에 넣고 실온에 20분 동안 둔다.

　　tip) 윗면의 캐러멜화된 부분이 완전히 굳기 전 팬에서 빼 식히면 윗면이 가라앉으므로 주의한다.

20 윗면의 캐러멜화한 부분이 식으면 다시 뒤집어 유산지를 깐 철팬에 옮기고 완전히 식힌다.

클래식 푀이타주 반죽
Pâte Feuilletage
Classique

INGRÉDIENTS

박력분 465g
멥쌀가루 35g
물 215g
소금 12g
버터 75g
충전용 버터 400g

MÉTHODE DE TRAVAIL

믹싱	1단 5분
분할	800g
휴지❶	2℃ 냉장고 / 2시간
접기	3절 접기 1회 → 4절 접기 1회
휴지❷	2℃ 냉장고 / 2시간
접기	3절 접기 1회 → 4절 접기 1회
휴지❸	2℃ 냉장고 / 12시간

FABRICATION PROCESSUS

1 믹서볼에 물, 소금을 넣고 소금이 녹을 때까지 거품기로 섞는다.

2 35℃로 녹인 버터, 박력분, 멥쌀가루를 넣고 1단에서 5분 동안 믹싱한다.

3 반죽을 800g씩 분할한 다음 손바닥으로 눌러 납작한 직사각형으로 만든다.

4 반죽을 랩으로 감싸 2℃ 냉장고에서 2시간 동안 휴지시킨다.

5 밀대를 사용해 반죽은 50×25㎝ 크기의 직사각형으로, 충전용 버터는 25㎝ 크기의
정사각형으로 각각 밀어 편다.

    tip) 충전용 버터는 사용하기 30분 전에 미리 실온에 꺼내 둔다. 버터를 밀어 펼 때는 비닐로
버터를 감싼 다음 밀대로 두들기며 작업하면 편리하다.

6 반죽 가운데에 충전용 버터(13℃)를 놓은 다음 반죽의 위아래를 가운데로 접고 이음매를 잘 붙인다.

7 반죽을 90°로 회전시켜 반죽의 위아래를 밀대로 누른 뒤 반죽을 가운데에서부터 끝으로 밀어 편다.

　　tip) 반죽의 위아래를 밀대로 눌러 버터의 끝부분을 얇게 만들면 접기 작업이 한결 수월하다.

8 파이롤러를 사용해 65×20㎝ 크기의 직사각형이 되도록 밀어 편다.

9 3절 접기 1회 하고 90°로 회전시킨다. (3절 접기 1회)

10 파이롤러를 사용해 80×20㎝ 크기의 직사각형이 되도록 밀어 편다.

11 4절 접기 1회 하고 반죽을 비닐로 감싼 후 2℃ 냉장고에서 최소 2시간 동안 휴지시킨다. (4절 접기 1회)

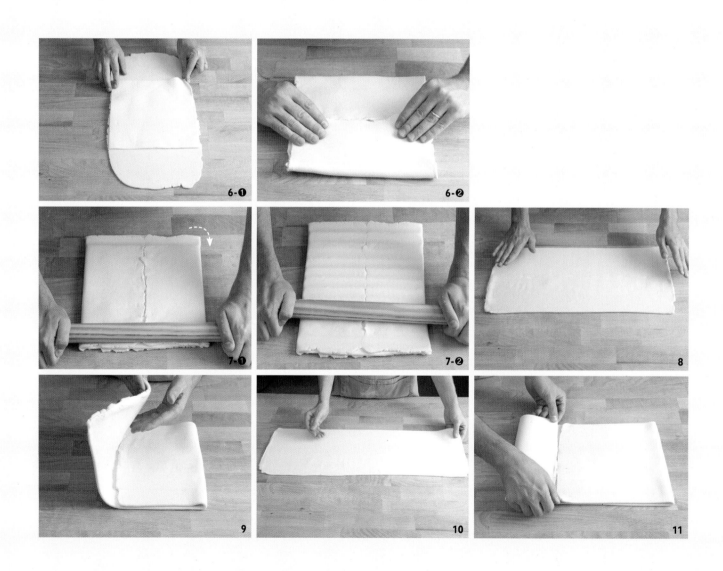

12 파이롤러를 사용해 60×20㎝ 크기의 직사각형이 되도록 밀어 편다.

13 3절 접기 1회 하고 90°로 회전시킨다. [3절 접기 2회]

14 파이롤러를 사용해 80×20㎝ 크기의 직사각형이 되도록 밀어 편다.

15 4절 접기 1회 하고 반죽을 비닐로 감싼 다음 2℃ 냉장고에서 최소 12시간 이상 휴지시킨다.

[4절 접기 2회]

tip) 클래식 푀이타주 반죽은 완제품의 볼륨이 풍성하고 느끼한 맛이 덜한 장점이 있다.

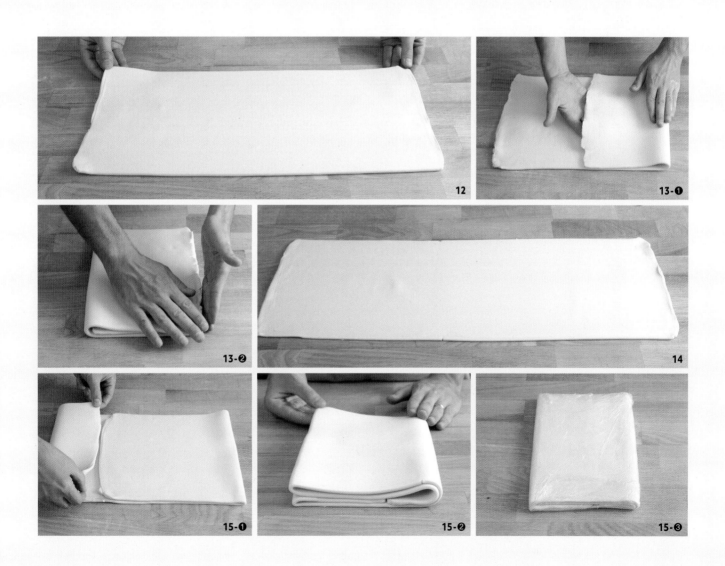

149

푀이타주 앵베세 반죽
Pâte Feuilletage
Inversé

INGRÉDIENTS

뵈르 마니에
충전용 버터 350g
프랑스밀가루 130g
  └ T65 트래디션

데트랑프
프랑스밀가루 350g
  └ T65 트래디션
물 132g
소금 9g
설탕 20g
버터 38g

MÉTHODE DE TRAVAIL

믹싱	1단 5분
분할	뵈르 마니에 480g / 데트랑프 545g
휴지❶	2℃ 냉장고 / 2시간
접기	3절 접기 1회
휴지❷	2℃ 냉장고 / 1시간
접기	4절 접기 1회
휴지❸	2℃ 냉장고 / 1시간
접기	3절 접기 1회 → 4절 접기 1회
휴지❹	2℃ 냉장고 / 12시간

FABRICATION PROCESSUS

*뵈르 마니에(Beurre manié)
버터와 밀가루를 섞어 만든 버터 반죽.

*데트랑프(détrempe)
밀가루, 물 등을 가볍게 믹싱해 만드는 밀가루 반죽.

1 믹서볼에 20℃의 충전용 버터, 프랑스밀가루를 넣고 1단에서 5분 동안 믹싱한다.
   tip) 밀가루와 버터가 고루 섞일 때까지 믹싱한다.

2 1을 480g 덜어 비닐로 감싼 다음 밀대를 사용해 25㎝ 크기의 정사각형으로 밀어 편다.

3 13℃ 냉장고에서 약 2시간 동안 보관한다. (뵈르 마니에*)

4 믹서볼에 물, 소금, 설탕을 넣고 소금과 설탕이 녹을 때까지 거품기로 섞는다.

5 녹인 버터, 프랑스밀가루를 넣고 1단에서 5분 동안 믹싱한다.

6 반죽을 545g으로 분할한 뒤 손바닥으로 눌러 12×24㎝ 크기의 직사각형으로 만든다.

7 반죽을 랩으로 감싸 2℃ 냉장고에서 2시간 동안 휴지시킨다. (데트랑프*)

8 뵈르 마니에(13℃)의 가운데에 휴지를 마친 데트랑프를 놓은 뒤 뵈르 마니에의 양끝을 가운데로 접는다.

9 데트랑프가 밖으로 나오지 않도록 뵈르 마니에의 위아래를 손가락으로 눌러 붙인다.

10 반죽의 위아래를 밀대로 누른 후 가운데에서부터 끝으로 밀어 편다.

11 파이롤러를 사용해 60×20㎝ 크기의 직사각형이 되도록 밀어 편다.

12 3절 접기 1회 한 다음 비닐로 감싸 2℃ 냉장고에서 최소 1시간 이상 휴지시킨다. 〔3절접기1회〕

13 90°로 회전시켜 파이롤러를 사용해 80×20㎝ 크기의 직사각형이 되도록 밀어 편다.

14 4절 접기 1회 하고 비닐로 감싸 2℃ 냉장고에서 최소 1시간 동안 휴지시킨다. 〔4절접기1회〕

15 파이롤러를 사용해 60×20㎝ 크기의 직사각형이 되도록 밀어 편다.

16 3절 접기 1회 하고 90°로 회전시킨다. (3절 접기 2회)

17 파이롤러를 사용해 80×20㎝ 크기의 직사각형이 되도록 밀어 편다.

18 4절 접기 1회 한 후 비닐로 감싸 2℃ 냉장고에서 최소 12시간 이상 휴지시킨다. (4절 접기 2회)

tip) 푀이타주 앵베세 반죽은 완제품의 볼륨과 수축이 클래식에 비해 덜 해 갈레트와 같은 제품에 활용하면 적합하다. 풍부한 버터 향을 느낄 수 있고, 바스러지면서 입안에 녹아드는 식감이 특징이다.

15

16-❶   16-❷   17

18-❶   18-❷   18-❸

사과 파이

Chaussons aux
Pommes

INGRÉDIENTS

사과 콩포트
사과(깍둑썰기한 것) 900g
설탕 112g
물 37g
꽃소금 1g
바닐라 빈 1개

사과 파이
클래식 푀이타주 반죽(146p 참고)
ㄴ (3절 접기 1회→ 4절 접기 1회)×2
사과 콩포트 600g

MÉTHODE DE TRAVAIL

최종 밀기	90×40×0.25㎝
재단	12.5×17㎝ 크기의 타원형(12개)
휴지 ❶	2℃ 냉장고 / 1시간
성형	반달 모양(+사과 콩포트 50g)
휴지 ❷	2℃ 냉장고 / 1시간
마무리 ❶	달걀물 바르기, 칼집 넣기
굽기	데크 오븐 윗불 205℃, 아랫불 180℃ / 40분
마무리 ❷	시럽 바르기

CHAUSSONS AUX
Pommes

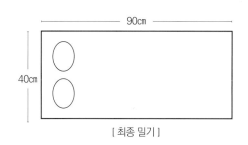

[최종 밀기]

뫼이타주 반죽

사과 콩포트 50g

[성형]

FABRICATION PROCESSUS

1 냄비에 사과, 설탕, 물, 꽃소금, 바닐라 빈의 씨를 넣고 30~40분 동안 약불에서 저어 가며 조린다.

2 완성된 콩포트의 1/2을 볼에 옮겨 핸드블렌더로 간다.

3 남은 콩포트 1/2과 섞은 다음 랩을 밀착시키고 감싸 냉장고에서 보관한다. 사과 콩포트

4 휴지를 마친 클래식 뫼이타주 반죽(146p 참고)을 파이롤러를 사용해 90×40×0.25㎝ 크기의 직사각형이
되도록 밀어 편다.
tip) 파이롤러를 사용할 때는 반죽과 비슷한 두께부터 시작해 조금씩 얇은 두께가 되도록 단계적으로 조절한다.

5 나무판 위에 반죽을 올린 뒤 12.5×17㎝ 크기의 타원형 커터를 사용해 반죽을 자른다.(12개)
tip) 남은 반죽은 비닐로 감싸 2℃ 냉장고 또는 냉동고에서 보관하며, 냉장고에서 보관할 경우 2일 동안,
냉동고에서 보관할 경우 한 달 동안 사용이 가능하다.

6 비닐을 깐 알루미늄 트레이에 재단한 반죽을 옮긴 후 다른 비닐을 덮고 2℃ 냉장고에서 1시간 동안
휴지시킨다.

7 반죽의 아랫부분 가운데에 사과 콩포트를 50g씩 놓는다.

8 반죽 가장자리를 1㎝ 남기고 숟가락으로 콩포트를 고루 펼친 뒤 윗부분 가장자리에 붓으로
물(분량 외)을 가볍게 바른다.

9 반죽의 윗부분을 아래로 접은 뒤 이음매를 손가락으로 눌러 붙인다.

10 비닐을 덮어 2℃ 냉장고에서 1시간 동안 휴지시킨다.

11 유산지를 깐 철판에 반죽을 일정한 간격으로 뒤집어 올리고 달걀물(분량 외)을 바른다.
tip) 달걀물은 노른자를 풀어 사용한다.

12 2℃ 냉장고에서 달걀물이 마를 때까지 약 10분 동안 둔다.

13 윗면에 과도로 무늬를 그린 다음 구멍을 3~4개 뚫는다.
tip) 오븐에서 굽는 동안 내부의 증기가 밖으로 빠져나갈 수 있도록 구멍을 뚫는다.

14 윗불 205℃, 아랫불 180℃ 데크 오븐에서 40분 동안 굽는다.

15 오븐에서 꺼내자마자 붓으로 시럽(분량 외)을 바른다.
tip) 시럽은 물과 설탕을 1:1 비율로 섞어 끓인 것을 사용한다.

157

레몬 파이

Chaussons au
Citron

INGRÉDIENTS

레몬 크림
레몬 퓌레 75g
설탕 115g
달걀 150g
옥수수 전분 11g
버터 100g

레몬 파이
클래식 푀이타주 반죽(146p 참고)
ㄴ (3절 접기 1회→ 4절 접기 1회)×2
레몬 크림 420g
설탕 적당량

MÉTHODE DE TRAVAIL

최종 밀기	90×40×0.25㎝
재단	12.5×17㎝ 크기의 타원형(12개)
휴지❶	2℃ 냉장고 / 1시간
성형	반달 모양(+레몬 크림 35g)
휴지❷	2℃ 냉장고 / 1시간
마무리	설탕 뿌리기
굽기	컨벡션 오븐 175℃ / 32분

CHAUSSONS AU
Citron

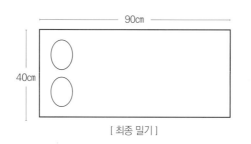

90cm

40cm

[최종 밀기]

— 푀이타주 반죽

— 레몬 크림 35g

[성형]

FABRICATION PROCESSUS

1 냄비에 레몬 퓌레, 설탕, 달걀, 옥수수 전분을 넣고 거품기로 섞는다.

2 불에 올려 크림 상태가 될 때까지 저어 가며 20~30초 동안 가열한다.

3 불에서 내려 비커에 옮기고 버터를 넣은 다음 핸드블렌더로 간다.

4 랩을 덮어 냉장고에서 보관한다. (레몬 크림)

5 휴지를 마친 클래식 푀이타주 반죽(146p 참고)을 파이롤러를 사용해 90×40×0.25㎝ 크기의 직사각형으로 밀어 편다.

　tip) 파이롤러를 사용할 때는 반죽과 비슷한 두께부터 시작해 조금씩 얇은 두께가 되도록 단계적으로 조절한다.

6 나무판 위에 반죽을 올려 12.5×17㎝ 크기의 타원형 커터를 사용해 반죽을 자른다.(12개)

　tip) 남은 반죽은 비닐로 감싸 2℃ 냉장고 또는 냉동고에서 보관하며, 냉장고에서 보관할 경우 2일 동안,
냉동고에서 보관할 경우 한 달 동안 사용이 가능하다.

7 비닐을 깐 알루미늄 트레이에 재단한 반죽을 옮긴 뒤 다른 비닐을 덮어 2℃ 냉장고에서 1시간 동안 휴지시킨다.

8 반죽의 가장자리를 2.5㎝ 남기고 아랫부분 가운데에 부드럽게 풀어 짤주머니에 넣은 레몬 크림을 35g씩 짠다.

9 반죽 윗부분 가장자리에 붓으로 물(분량 외)을 가볍게 바른다.

10 반죽의 윗부분을 아래로 접은 다음 이음매를 손가락으로 눌러 붙인다.

11 과도로 구멍을 2~3개 뚫은 뒤 비닐을 덮어 2℃ 냉장고에서 1시간 동안 휴지시킨다.

12 구멍을 뚫지 않은 면에는 붓으로 물(분량 외)을 바른 뒤 설탕을 뿌린다.

13 유산지를 깐 철판에 설탕을 묻힌 면이 아래를 향하게 하여 반죽을 일정한 간격으로 올린다.

14 175℃ 컨벡션 오븐에서 32분 동안 굽는다.

15 오븐에서 꺼내자마자 캐러멜화된 부분이 위를 향하도록 뒤집어 식힌다.

갈레트 데 루아
Galette des
Rois

INGRÉDIENTS

아몬드 크림
버터 170g
설탕 170g
아몬드 파우더 170g
달걀 138g
럼 9g

갈레트 데 루아
푀이타주 앵베세 반죽(150p 참고)
ㄴ (3절 접기 1회→ 4절 접기 1회)×2
아몬드 크림 640g

MÉTHODE DE TRAVAIL

최종 밀기	110×25×0.35cm
재단	지름 25cm 크기의 원형(4개)
휴지❶	2℃ 냉장고 / 1시간
성형	원형(+아몬드 크림 320g)
휴지❷	2℃ 냉장고 / 1시간
마무리❶	달걀물 바르기, 칼집 넣기
굽기	데크 오븐 윗불 190℃, 아랫불 180℃ / 50분
마무리❷	시럽 바르기

GALETTE DES
Rois

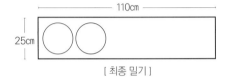

[최종 밀기]

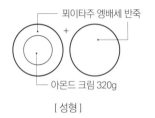

[성형]

퓌이타주 엥베세 반죽
+
아몬드 크림 320g

FABRICATION PROCESSUS

1 볼에 부드러운 상태의 버터, 설탕, 아몬드 파우더, 달걀 1/2을 넣고 고무 주걱으로 섞는다.
   tip) 모든 재료는 실온에서 최소 2시간 이상 보관하여 사용한다.
2 남은 달걀을 넣고 고루 섞은 다음 럼을 넣고 섞는다.
3 랩을 밀착시켜 냉장고에서 보관한다. (아몬드 크림)
4 휴지를 마친 퓌이타주 앵베세 반죽(150p 참고)을 파이롤러를 사용해 110×25×0.25㎝ 크기의 직사각형으로 밀어 편다.
5 지름 25㎝ 크기의 볼을 사용해 반죽을 자르고(4개) 가장자리를 손가락으로 눌러 표시를 남긴다.
   tip) 남은 반죽은 비닐로 감싸 2℃ 냉장고 또는 냉동고에서 보관하며, 냉장고에서 보관할 경우 2일 동안, 냉동고에서 보관할 경우 한 달 동안 사용이 가능하다.
6 비닐을 깐 알루미늄 트레이에 재단한 반죽을 옮긴 뒤 다른 비닐을 덮어 2℃ 냉장고에서 1시간 동안 휴지시킨다.
7 짤주머니에 부드럽게 푼 아몬드 크림을 넣어 반죽의 가장자리를 2㎝ 남기고 320g씩 짠다.(2장)

8 남은 반죽의 가장자리 2㎝ 부분에 붓으로 물(분량 외)을 가볍게 바른다.

9 7과 8의 가장자리 표시가 서로 90°가 되도록 겹친 후 가장자리를 손으로 눌러 붙인다.

10 비닐을 덮어 2℃ 냉장고에서 최소 1시간 동안 휴지시킨다.

11 유산지를 깐 철판에 반죽을 뒤집어 올리고 달걀물(분량 외)을 바른다.
　　　tip) 달걀물은 노른자를 풀어 사용한다.

12 2℃ 냉장고에서 달걀물이 마를 때까지 약 10분 동안 둔다.

13 윗면에 지름 24㎝ 크기의 원형팬을 대고 과도로 원형을 그린 다음 무늬를 그리고 과도 끝으로 구멍을 몇 군데 뚫는다.

14 철판의 네 귀퉁이에 4㎝ 높이의 직사각형팬을 놓고 그릴을 올린다.

15 윗불 190℃, 아랫불 180℃ 데크 오븐에서 50분 동안 굽는다.
　　　tip) 35분이 지나면 그릴을 제거한다.

16 오븐에서 꺼내자마자 붓으로 시럽(분량 외)을 바른다.
　　　tip) 시럽은 물과 설탕을 1:1 비율로 섞어 끓인 것을 사용한다.

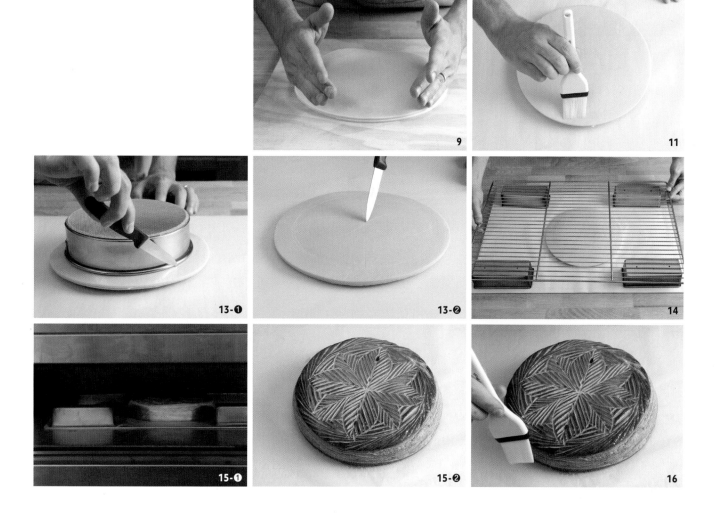

팔미에
Palmiers

INGRÉDIENTS

뛰이타주 반죽 자투리 1000g
설탕 250g

MÉTHODE DE TRAVAIL

접기	3절 접기 1회
휴지	2℃ 냉장고 / 1시간
접기	4절 접기 1회(+설탕)
최종 밀기	78×25×0.5㎝
재단	1.5×11㎝ 크기의 직사각형(14개)
굽기	컨벡션 오븐 180℃ / 18분

Palmiers

[최종 밀기]

78cm

25cm

3cm

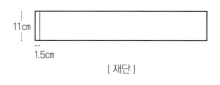

[재단]

11cm

1.5cm

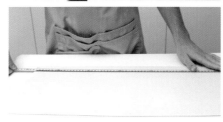

FABRICATION PROCESSUS

1. 냉장고에서 보관한 푀이타주 반죽
   자투리를 파이롤러를 사용해
   60×20㎝ 크기의 직사각형으로 밀어
   편다.
   tip) 푀이타주 반죽 자투리가 없다면
   클래식 푀이타주 반죽(146p 참고)을
   만들어 사용한다.

2. 3절 접기를 1회 하고 2℃ 냉장고에서
   최소 1시간 이상 휴지시킨다.
   〔3절 접기 1회〕

3. 반죽을 90°로 회전시킨 뒤 윗면에
   설탕을 뿌려 가며 파이롤러를 사용해
   80×20㎝ 크기의 직사각형으로 밀어
   편다.

4. 4절 접기를 1회 하고 90°로
   회전시킨다. 〔4절 접기 1회〕

5. 윗면에 설탕을 뿌리고 파이롤러를
   사용해 78×25㎝ 크기의
   직사각형으로 밀어 편다.
   tip) 다 밀어 편 반죽의 윗면에 남은
   설탕을 모두 뿌린다.

6. 가로의 길이가 약 75㎝가 되도록
   반죽의 양쪽 끝을 잘라 정리한다.

7 왼쪽에서부터 36㎝가 되는 지점,
오른쪽에서부터 36㎝가 되는 지점에 각각
표시를 한다.
tip) 표시 가운데에 3㎝ 간격이 생긴다.

8 반죽의 양쪽 표시에서부터 12㎝ 간격으로
표시를 다시 한다.

9 반죽에 붓으로 물(분량 외)을 바른 뒤
양쪽을 12㎝ 간격 표시에 맞춰 3등분으로
각각 접고 반으로 접는다.

10 반죽을 90°로 회전시켜 오른쪽 부분을
얇게 자른다.

11 반죽에 1.5㎝ 간격으로 표시를 하고
자른다.(14개)

12 철판에 반죽의 결이 위를 향하게 하여
일정한 간격으로 팬닝한다.

13 180℃ 컨벡션 오븐에서 18분 동안
굽는다.

팔미 카레

Palmiers Carrés

INGRÉDIENTS

뵈이타주 반죽 자투리 1000g
설탕 250g
다크코팅초콜릿 적당량

MÉTHODE DE TRAVAIL

접기	3절 접기 1회
휴지	2℃ 냉장고 / 1시간
접기	4절 접기 1회(+설탕)
최종 밀기	58×28×0.5㎝
재단	2×14㎝ 크기의 직사각형(12개)
굽기	컨벡션 오븐 180℃ / 18분
마무리	다크코팅초콜릿 입히기

PALMIER
Carre

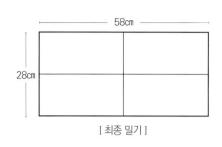

[최종 밀기]

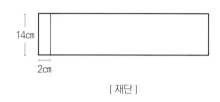

[재단]

FABRICATION PROCESSUS

1 냉장고에서 보관한 푀이타주 반죽 자투리를 파이롤러를 사용해 60×20㎝ 크기의
   직사각형이 되도록 밀어 편다.
   tip) 푀이타주 반죽 자투리가 없다면 클래식 푀이타주 반죽(146p 참고)을 만들어 사용한다.

2 3절 접기를 1회 하고 2℃ 냉장고에서 최소 1시간 이상 휴지시킨다. [3절접기1회]

3 90°로 회전시켜 반죽 윗면에 설탕을 뿌려가며 파이롤러를 사용해 80×20㎝ 크기의
   직사각형이 되도록 밀어 편다.

4 4절 접기를 1회 하고 90°로 회전시킨다. [4절접기1회]

5 윗면에 설탕을 뿌리고 파이롤러를 사용해 58×28㎝ 크기의 직사각형이 되도록 밀어
   편다.
   tip) 다 밀어 편 반죽의 윗면에 남은 설탕을 모두 뿌린다.

6 가로의 길이가 약 56㎝가 되도록 반죽의 양쪽 끝을 잘라 정리한다.

7 반죽을 반으로 자른 다음 반죽 1장의 윗면에 달걀물(분량 외)을 바르고 남은 1장을 위에
   올려 붙인다.
   tip) 달걀물은 노른자 50g, 달걀 50g, 우유 50g을 섞어 사용한다.

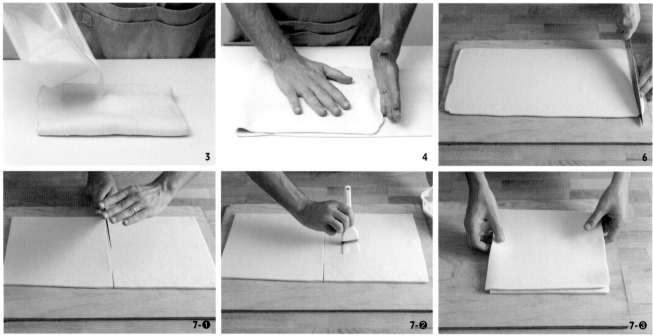

172

8 반죽의 높이를 재고 반으로 자른다.

9 자른 반죽의 윗면에 달걀물(분량 외)을 바르고 남은 반죽을 위에 올려 붙인다.

10 반듯한 직사각형이 되도록 가장자리를 얇게 잘라 정리한다.

11 반죽에 줄자를 사용해 2㎝ 간격으로 표시를 하고 자른다.(12개)

12 철판에 반죽의 결이 위를 향하게 하여 일정한 간격으로 팬닝한다.

13 180℃ 컨벡션 오븐에서 18분 동안 굽는다.

14 용기에 다크코팅초콜릿을 넣고 녹인 다음 13을 1/2 지점까지 담궜다가 뺀다.

15 유산지를 깐 알루미늄 트레이에 올리고 초콜릿을 완전히 굳힌다.

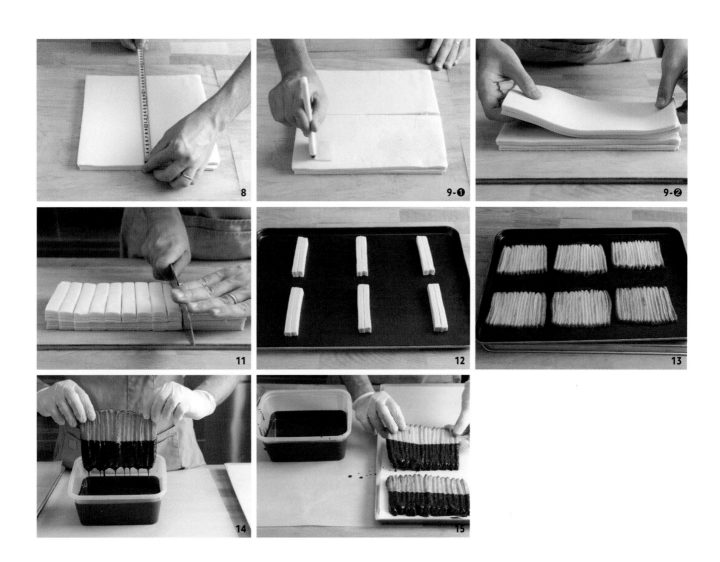

Pain du Monde

세계 각국의 빵

토마토 양파 푸가스
Fougasse
Tomate Oignons

INGRÉDIENTS

토마토 양파 믹스
선드라이드 토마토(작게 썬 것) 120g
양파 플레이크 80g
에멘탈 치즈 100g
오레가노 5g

푸가스 반죽
프랑스밀가루 1000g
  ㄴ T65 트래디션
물 700g
소금 20g
생이스트 8g

리퀴드 사워도 200g
바시나주 물 60g
올리브 오일 40g
토마토 양파 믹스 305g

MÉTHODE DE TRAVAIL

기본 온도	58℃		예비 성형	나뭇잎 모양
오토리즈	30분~1시간		중간 발효	실온 / 1시간 30분
믹싱	1단 5분 → 2단 1분		성형	나뭇잎 모양(30㎝)
희망 반죽 온도	23~24℃		2차 발효	실온 / 30분
1차 발효	실온 / 1시간 15분		스팀	3초
펀치	1회		굽기	데크 오븐 윗불 270℃, 아랫불 270℃ / 14분
냉장 발효	2℃ 냉장고 / 15시간		마무리	올리브 오일 바르기
분할	390g			

FOUGASSE
Tomate Oignons

FABRICATION PROCESSUS

1 믹서볼에 프랑스밀가루, 물을 넣고 한 덩어리가 될 때까지 2분 동안 믹싱한다.

   tip) 믹싱 시간은 스파이럴 믹서 기준이다. 버티컬 믹서보다는 스파이럴 믹서가 반죽 안에 공기 포집이 더 잘 되기 때문에 스파이럴 믹서의 사용을 추천한다. 단, 반죽 안에 지나치게 공기가 많이 들어갈 경우 오히려 맛이 떨어질 수 있으니 주의한다.

2 비닐을 덮어 실온에서 30분~1시간 동안 둔다. 오토리즈

3 소금, 생이스트, 리퀴드 사워도를 넣고 1단 5분, 2단 1분 동안 믹싱한다.

4 표면이 매끄러워지면서 반죽이 한 덩어리가 되면 바시나주 물, 올리브 오일을 넣고 2단에서 반죽에 물과 오일이 모두 섞일 때까지 믹싱한다.

5 토마토 양파 믹스를 넣고 1단에서 반죽에 믹스가 고루 섞일 때까지 믹싱한다.

   tip) 토마토 양파 믹스는 볼에 선드라이드 토마토, 양파 플레이크, 에멘탈 치즈, 오레가노를 넣고 고루 섞어 사용한다.

6 오일(분량 외)을 바른 반죽통에 반죽을 넣고 실온에서 1시간 15분 동안 1차 발효시킨다.

7 반죽에 펀치를 준 다음 2℃ 냉장고에서 15시간 동안 냉장 발효시킨다.

tip) 반죽통을 돌려가며 반죽을 아래에서 위로 가볍게 접어 펀치를 준다. 펀치 작업이 끝나면 반죽 전체를 뒤집어 깨끗한 면이 위로 오게 한다.

tip) 냉장 발효는 반죽의 상태를 확인해 12~24시간 이내로 진행한다.

8 실온에서 반죽의 온도가 6~8℃가 될 때까지 약 30분 동안 둔다.

9 390g씩 분할한다.

tip) 반죽은 스크레이퍼를 이용해 최대한 직사각형으로 분할한다.

7-❶

7-❷

7-❸

7-❹

8

9

10 반죽을 평평하게 펴 위에서부터 아래로 말면서 접은 다음 양손으로 반죽을 감싸고 반죽의
가장자리를 안으로 넣어준다는 느낌으로 둥글리기한다.

11 반죽을 양손으로 감싸 윗부분이 뾰족하도록 모양을 잡고 나뭇잎 모양으로 만든다.

12 나무판에 반죽을 일정한 간격으로 놓고 실온에서 1시간 30분 동안 중간 발효시킨다.

13 윗면에 덧가루(분량 외)를 뿌리고 손바닥으로 가볍게 두드려 가스를 뺀다.
tip) 덧가루는 프랑스밀가루(T65)를 사용한다.

14 밀대를 사용해 길이 30㎝, 너비 20㎝ 크기의 나뭇잎 모양으로 밀어 편다.

  tip) 밀대로 반죽을 다 밀어 편 뒤 손으로 다시 모양을 잡는다.

15 나무판 위에 테프론 시트를 깔고 반죽을 옮긴 뒤 스크레이퍼를 사용해 반죽 가운데를 세로로
  1회 자르고 양옆을 비스듬히 3회씩 잘라 잎맥 모양을 만든다.

16 반죽의 양쪽을 벌려 자른 부분의 구멍이 벌어지도록 모양을 잡는다.

17 실온에서 30분 동안 2차 발효시킨다.

18 윗불 270℃, 아랫불 270℃ 데크 오븐에서 3초 동안 스팀을 분사한 후 14분 동안 굽는다.

19 오븐에서 꺼내자마자 붓으로 올리브 오일(분량 외)을 바른다.

치아바타
Ciabatta

INGRÉDIENTS

프랑스밀가루 1000g
└ T65 트래디션
물 620g
소금 21g
생이스트 8g
리퀴드 사워도 250g
바시나주 물 100g
올리브 오일 70g

MÉTHODE DE TRAVAIL

기본 온도	52℃	예비 성형	직사각형(48x30㎝)
믹싱	1단 5분 → 2단 4분	중간 발효	실온 / 1시간
희망 반죽 온도	23~24℃	재단	8×15㎝ 크기의 직사각형(12개)
1차 발효	실온 / 1시간 20분	2차 발효	실온 / 20분
펀치	1회	스팀	3초
냉장 발효	2℃ 냉장고 / 15시간	굽기	데크 오븐 윗불 270℃, 아랫불 270℃ / 13분

Ciabatta

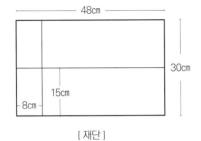

[재단]

FABRICATION PROCESSUS

1. 믹서볼에 바시나주 물, 올리브 오일을
   제외한 모든 재료를 넣고 1단 5분, 2단
   4분 동안 믹싱한다.

   tip) 믹싱 시간은 스파이럴 믹서
   기준이다. 버티컬 믹서보다는 스파이럴
   믹서가 반죽 안에 공기 포집이 더 잘 되기
   때문에 스파이럴 믹서의 사용을 추천한다.
   단, 반죽 안에 지나치게 공기가 많이
   들어갈 경우 오히려 맛이 떨어질 수
   있으니 주의한다.

2. 표면이 매끄러워지고 반죽이
   한 덩어리가 되면 바시나주 물, 올리브
   오일을 넣고 2단에서 반죽에 물과
   오일이 모두 섞일 때까지 믹싱한다.

   tip) 반죽에 글루텐이 생기고 점성이
   있으며, 반죽을 떼어 늘여 보았을 때
   지문이 비치면 믹싱이 완성된 것이다.

3. 오일(분량 외)을 바른 반죽통에 반죽을
   넣고 실온에서 1시간 20분 동안 1차
   발효시킨다.

4. 반죽에 펀치를 준 다음 2℃ 냉장고에서
   15시간 동안 냉장 발효시킨다.

   tip) 냉장 발효는 반죽의 상태를 확인해
   12~24시간 이내로 진행한다.

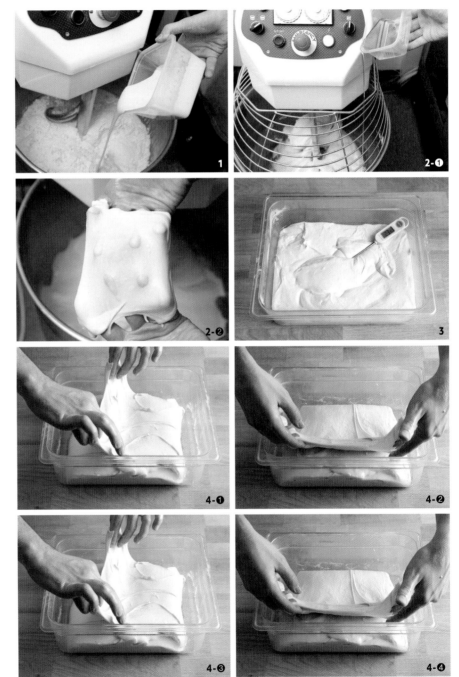

5 천에 덧가루(분량 외)를 충분히 뿌리고 냉장 발효를 마친 반죽을 조심스럽게 놓는다.

    tip) 덧가루는 프랑스밀가루(T65)를 사용한다.

6 반죽의 표면을 손바닥으로 가볍게 두드려 가스를 뺀다.

7 48×30㎝ 크기의 직사각형이 되도록 반죽을 늘인다.

8 천으로 반죽을 덮어 실온에서 1시간 동안 중간 발효시킨다.

9 반죽의 가장자리를 잘라 반듯한 직사각형으로 만들고 자와 스크레이퍼를 사용해 8×15㎝

    크기의 직사각형으로 자른다.(12개)

10 천에 덧가루(분량 외)를 충분히 뿌리고 일정한 간격으로 놓는다.

    tip) 반죽을 옮길 때 스크레이퍼를 사용하면 편하다.

    tip) 천을 일정한 간격으로 접으면서 반죽을 놓는다.

11 실온에서 20분 동안 2차 발효시킨다.

12 나무판 위에 테프론 시트를 깔고 반죽을 아랫부분이 위를 향하게 하여 일정한 간격으로 놓는다.

13 윗불 270℃, 아랫불 270℃ 데크 오븐에서 3초 동안 스팀을 분사한 후 13분 동안 굽는다.

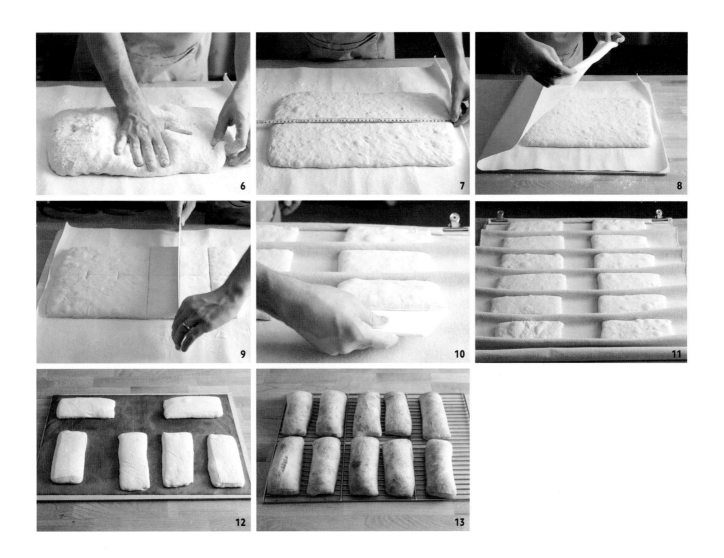

올리브 치아바타

Ciabatta aux
Olives

INGRÉDIENTS

올리브 믹스
블랙 올리브 150g
그린 올리브 150g
에멘탈 치즈(큐브) 100g
허브 5g

올리브 치아바타
프랑스밀가루 1000g
└ T65 트래디션
물 620g
소금 21g
생이스트 8g

리퀴드 사워도 250g
바시나주 물 100g
올리브 오일 70g
올리브 믹스 405g

MÉTHODE DE TRAVAIL

기본 온도	52℃	중간 발효	실온 / 1시간
믹싱	1단 5분 → 2단 4분	재단	6×15㎝ 크기의 직사각형(16개)
희망 반죽 온도	23~24℃	성형	트위스트 모양
1차 발효	실온 / 1시간 20분	2차 발효	실온 / 20~30분
펀치	1회	스팀	3초
냉장 발효	2℃ 냉장고 / 15시간	굽기	데크 오븐 윗불 270℃, 아랫불 270℃ / 15분
예비 성형	직사각형(48×30㎝)		

CIABATTA
aux Olives

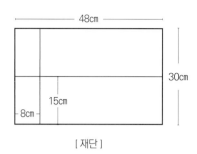

48cm

30cm

8cm ─ 15cm

[재단]

FABRICATION PROCESSUS

1 용기에 블랙 올리브, 그린 올리브, 에멘탈 치즈, 허브를 넣고 고루 섞는다. (올리브 믹스)

2 믹서볼에 바시나주 물, 올리브 오일을 제외한 모든 재료를 넣고 1단 5분, 2단 4분 동안 믹싱한다.
   tip) 믹싱 시간은 스파이럴 믹서 기준이다.

3 반죽의 표면이 매끄러워지면서 반죽이 한 덩어리가 되면 바시나주 물, 올리브 오일을 넣고 2단에서 반죽에
   물과 오일이 모두 섞일 때까지 믹싱한다.

4 올리브 믹스를 넣고 1단에서 고루 섞일 때까지 믹싱한다.
   tip) 반죽에 글루텐이 생기고 점성이 있으며, 반죽을 떼어 늘여 보았을 때 지문이 비치면 믹싱이 완성된 것이다.

5 오일(분량 외)을 바른 반죽통에 반죽을 넣고 실온에서 1시간 20분 동안 1차 발효시킨다.

6 반죽에 펀치를 준 다음 2℃ 냉장고에서 15시간 동안 냉장 발효시킨다.
   tip) 냉장 발효는 반죽의 상태를 확인해 12~24시간 이내로 진행한다.

7 천에 덧가루(분량 외)를 충분히 뿌리고 냉장 발효를 마친 반죽을 조심스럽게 놓는다.
   tip) 덧가루는 쌀가루, 강력분, 폴렌타 가루를 1:1:1의 비율로 섞어 사용한다.

8 반죽의 표면을 손바닥으로 가볍게 두드려 가스를 뺀다.

9 48×30㎝ 크기의 직사각형이 되도록 반죽을 늘인다.

10 천으로 반죽을 덮어 실온에서 1시간 동안 중간 발효시킨다.

11 반죽의 가장자리를 잘라 반듯한 직사각형으로 만든 뒤 자와 스크레이퍼를 사용해 6×15㎝
 크기의 직사각형으로 자른다.(16개)

12 반죽을 가볍게 꼬아 천에 일정한 간격으로 놓는다.
 tip) 천을 일정한 간격으로 접으면서 반죽을 놓는다.

13 실온에서 20~30분 동안 2차 발효시킨다.

14 나무판 위에 테프론 시트를 깔고 반죽을 아랫부분이 위를 향하게 하여 일정한 간격으로 놓는다.
 tip) 반죽을 옮길 때 스크레이퍼를 사용하면 편하다.

15 윗불 270℃, 아랫불 270℃ 데크 오븐에서 3초 동안 스팀을 분사한 후 15분 동안 굽는다.

포카치아
Focaccia

INGRÉDIENTS

감자 믹스
물 230g
올리브 오일 50g
오레가노 3g
감자 가루 125g

포카치아
파네토네 밀가루 1000g
물 670g
소금 21g
생이스트 10g

리퀴드 사워도 200g
바시나주 물 180g
감자 믹스 408g

MÉTHODE DE TRAVAIL

기본 온도	56℃	중간 발효	실온 / 30분
오토리즈	1시간	성형 ❶	바게트 모양(35㎝)
믹싱	1단 5분 → 2단 2분	2차 발효 ❶	온도 28℃, 습도 75% 발효실 / 1시간
희망 반죽 온도	23~24℃	성형 ❷	올리브 오일 바르기, 토핑 올리기
1차 발효	실온 / 1시간 15분	2차 발효 ❷	온도 28℃, 습도 75% 발효실 / 30분
펀치	1회	스팀	3초
냉장 발효	2℃ 냉장고 / 15시간	굽기	데크 오븐 윗불 260℃, 아랫불 250℃ / 17분
분할	630g	마무리	올리브 오일 분사하기
예비 성형	타원형(20㎝)		

Focaccia

FABRICATION PROCESSUS

1 볼에 물, 올리브 오일, 오레가노를 넣고 거품기로 고루 섞는다.

2 감자 가루를 넣고 물이 모두 흡수될 때까지 고무 주걱으로 고루 섞는다.

3 랩을 덮고 실온에서 보관한다. (감자 믹스)

    tip) 감자 믹스는 포카치아 반죽을 믹싱하기 1시간 전에 미리 만들어 둔다.

    tip) 감자 믹스는 냉장고에서 최대 3일 동안 보관이 가능하다.

4 믹서볼에 파네토네 밀가루, 물을 넣고 가루가 보이지 않을 때까지 1단에서 2분 동안 믹싱한다.

    tip) 믹싱 시간은 스파이럴 믹서 기준이다.

5 비닐을 덮어 실온에서 1시간 동안 둔다. (오토리즈)

6 소금, 생이스트, 리퀴드 사워도를 넣고 1단 5분, 2단 2분 동안 믹싱한다.

7 표면이 매끄러워지면서 반죽이 한 덩어리가 되면 바시나주 물을 넣고 2단에서 반죽에 물이 모두 섞일 때까지 믹싱한다.

8 감자 믹스를 넣고 1단에서 약 2분 동안 믹싱한다.

    tip) 반죽에 글루텐이 생기고 점성이 있으며, 반죽을 떼어 늘여 보았을 때 지문이 비치면 믹싱이 완성된 것이다.

9 오일(분량 외)을 바른 반죽통에 반죽을 넣고 실온에서 1시간 15분 동안 1차 발효시킨다.

10 반죽에 펀치를 준 다음 2℃ 냉장고에서 15시간 동안 냉장 발효시킨다.

    tip) 냉장 발효는 반죽의 상태를 확인해 12~24시간 이내로 진행한다.

11 냉장 발효를 마친 반죽을 실온에 30분 동안 둔다.

12 반죽을 630g씩 분할한 후 반죽의 표면을 손바닥으로 가볍게 두드려 가스를 뺀다.

13 평평하게 펴 반으로 접은 뒤 위에서부터 아래로 말면서 접어 20㎝ 길이의 타원형으로 예비 성형하고 실온에서 30분 동안 중간 발효시킨다.

14 반죽의 표면을 손으로 가볍게 두드려 가스를 뺀다.

15 위에서부터 아래로 말면서 접어 35㎝ 길이의 바게트 모양이 되도록 성형한다.

    tip) 엄지손가락을 이용해 반죽을 위에서 아래의 안으로 밀어 넣으면서 접고, 다른 한 손의 손바닥 끝으로 접은 반죽을 눌러 가며 이음매를 정리한다.

16 35×15×4㎝ 크기의 직사각형팬의 가운데에 반죽을 팬닝한다.

17 온도 28℃, 습도 75% 발효실에서 약 1시간 동안 2차 발효시킨다.

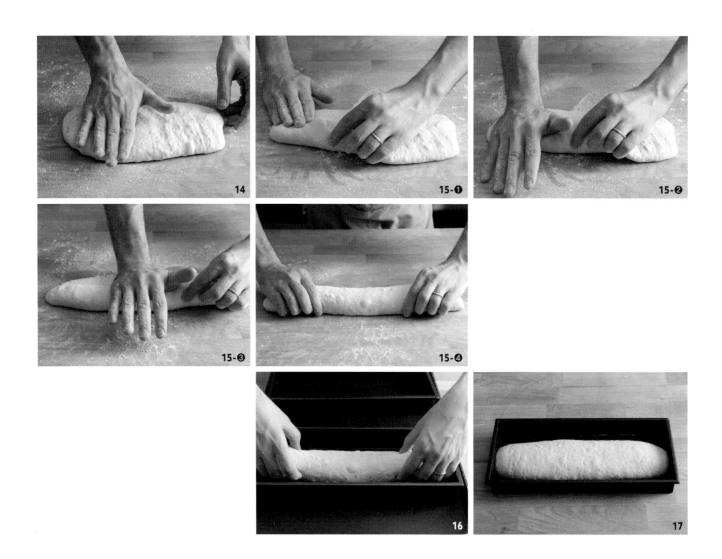

18 윗면에 올리브 오일(분량 외)을 바른다.

19 윗면에 손가락으로 구멍을 내면서 반죽을 고르게 편다.

   tip) 팬에 고루 반죽이 펼쳐지도록 반죽을 편다.

20 기호에 따라 블랙 올리브, 선드라이드 토마토, 에멘탈 치즈 또는 적양파, 토마토, 올리브, 로즈메리 등을 토핑한다.

21 온도 28℃, 습도 75% 발효실에서 약 30분 동안 더 발효시킨다.

22 윗불 260℃, 아랫불 250℃ 데크 오븐에서 3초 동안 스팀을 분사한 뒤 17분 동안 굽는다.

23 오븐에서 꺼내자마자 팬에서 꺼내 식힘망에 옮기고 윗면에 올리브 오일(분량 외)을 분사한다.

195

감자 버섯 포카치아

Focaccia Pomme de
Terre & Champignons

INGRÉDIENTS

베샤멜 소스
버터 32g
밀가루 25g
우유 250g
후추 0.8g
소금 1.6g

버섯 믹스
감자(삶은 것) 250g
느타리 버섯 200g
베샤멜 소스 120g
파슬리 3g

감자 버섯 포카치아
포카치아 반죽(192p 참고) 800g
버섯 믹스 전량
치즈 50g

MÉTHODE DE TRAVAIL

분할	200g
예비 성형	타원형(15㎝)
중간 발효	온도 28℃, 습도 75% 발효실 / 1시간
성형	타원형(20㎝, +버섯믹스 100g)
2차 발효	온도 28℃, 습도 75% 발효실 / 20분
스팀	3초
굽기	데크 오븐 윗불 270℃, 아랫불 270℃ / 12분

FOCACCIA POMME DE
Terre & Champignons

*루(roux)

버터에 밀가루를 볶은 것으로 증점
제의 일종이다. 수프, 스튜, 소스 등
의 베이스 재료로 사용된다.

FABRICATION PROCESSUS

1 냄비에 버터를 넣고 가열한 다음 버터가 녹으면 밀가루를 넣고 약불에서 거품기로 저어 가며 가열해 루*를 만든다.

2 우유 1/2을 넣고 거품기로 고루 섞은 뒤 후추, 소금을 넣고 고루 섞는다.

3 남은 우유를 넣고 걸쭉해질 때까지 저어 가며 가열한다.

4 볼에 옮겨 랩을 밀착시키고 냉장고에서 보관한다. (베샤멜 소스)

5 볼에 감자, 느타리 버섯, 베샤멜 소스, 파슬리를 넣고 고루 섞는다. (버섯 믹스)
tip) 느타리 버섯은 볶아서 사용한다.

6 냉장 발효를 마친 포카치아 반죽을 실온에 30분 동안 둔다.
tip) 포카치아 반죽은 192p의 4-10 공정을 참고해 준비한다.

7 200g씩 분할하고 손바닥으로 가볍게 두드려 평평하게 편다.

8 위에서부터 아래로 말면서 접어 15cm 길이의 타원형으로 예비 성형한다.

9 철팬에 오일(분량 외)을 바르고 반죽을 일정한 간격으로 놓는다.

10 온도 28℃, 습도 75% 발효실에서 1시간 동안 중간 발효시킨다.

11 반죽의 윗면에 올리브 오일(분량 외)을 붓고 손으로 고루 바른다.

12 손가락으로 반죽에 구멍을 내면서 길이 20㎝, 너비 12㎝ 크기의 타원형이 되도록 고르게 편다.

13 윗면에 버섯 믹스를 100g씩 올리고 치즈를 고루 뿌린다.

14 온도 28℃, 습도 75% 발효실에서 약 20분 동안 2차 발효시킨다.

15 윗불 270℃, 아랫불 270℃ 데크 오븐에서 3초 동안 스팀을 분사한 후 12분 동안 굽는다.

16 오븐에서 꺼내자마자 식힘망에 옮겨 식힌다.

베이글
Bagel

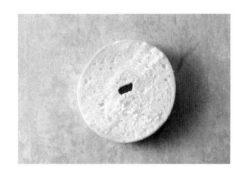

INGRÉDIENTS

베이글 반죽
강력분 1000g
물 300g
우유 300g
소금 18g
설탕 20g
생이스트 18g
버터 70g

데치기용 물
물 1000g
설탕 100g

MÉTHODE DE TRAVAIL

기본 온도	36℃	성형	링 모양(지름 11㎝)
믹싱	1단 4분 → 2단 6분	2차 발효	온도 28℃, 습도 75% 발효실 / 30분
희망 반죽 온도	24~25℃	데치기	앞, 뒷면 10초씩
1차 발효	실온 / 20분	마무리	깨, 검은깨 등 뿌리기(선택)
분할	120g	굽기	데크 오븐 윗불 230℃, 아랫불 220℃ / 14분
중간 발효	실온 / 20분		

Bagel

FABRICATION PROCESSUS

1 믹서볼에 모든 재료를 넣고 1단 4분, 2단 6분 동안 믹싱한다.

   tip) 믹싱 시간은 스파이럴 믹서 기준이다.

   tip) 반죽에 글루텐이 생기고 점성이 있으며, 반죽을 떼어 늘여 보았을 때 지문이 비치면
   믹싱이 완성된 것이다.

2 반죽통에 반죽을 넣고 실온에서 20분 동안 1차 발효시킨다.

3 120g씩 분할하고 둥글리기한다.

   tip) 반죽은 최대한 사각형으로 분할한다.

   tip) 반죽의 네 귀퉁이를 가운데로 접고 뒤집어 반죽의 가장자리를 안으로 집어넣는다는 느낌으로
   둥글리기한다.

4 나무판 위에 반죽을 일정한 간격으로 놓고 비닐을 덮는다.

5 실온에서 20분 동안 중간 발효시킨다.

202

6 반죽 윗면에 덧가루(분량 외)를 뿌린다.

    tip) 덧가루는 강력분을 사용한다.

7 반죽 가운데에 손가락으로 구멍을 뚫는다.

8 가운데 구멍이 지름 5㎝, 반죽의 크기가 지름 11㎝ 원형이 될 때까지 반죽을 돌려가며 늘인다.

9 타공 철팬에 비닐을 깔고 성형한 반죽을 일정한 간격으로 팬닝한다.

10 온도 28℃, 습도 75% 발효실에서 30분 동안 2차 발효시킨다.

11 볼에 물, 설탕을 넣고 섞은 다음 90℃가 될 때까지 가열한다. (데치기용 물)

12 2차 발효를 마친 반죽을 데치기용 물에 넣고 앞뒤로 20초 동안 데친다.

13 테프론 시트를 깐 타공 철팬에 데친 반죽을 일정한 간격으로 팬닝한다.

14 기호에 따라 윗면에 깨(분량 외) 또는 검은깨(분량 외) 등을 뿌린다.

15 윗불 230℃, 아랫불 220℃ 데크 오븐에서 14분 동안 굽는다.

호두 크랜베리 베이글

Bagel Noix
Cranberries

INGRÉDIENTS

호두 전처리
호두 120g
물 240g

데치기용 물
물 1000g
설탕 100g

호두 크랜베리 베이글
강력분 1000g
물 300g
우유 300g
소금 18g
설탕 20g
생이스트 22g

버터 70g
호두 전처리 150g
건크랜베리 100g

MÉTHODE DE TRAVAIL

기본 온도	36℃	중간 발효	실온 / 20분
믹싱	1단 4분 → 2단 6분	성형	링 모양
희망 반죽 온도	24~25℃	2차 발효	온도 28℃, 습도 75% 발효실 / 30분
1차 발효	실온 / 20분	데치기	앞, 뒷면 10초씩
분할	120g	굽기	데크 오븐 윗불 230℃, 아랫불 220℃ / 14분
예비 성형	원통형(8㎝)		

BAGEL NOIX
Cranberries

FABRICATION PROCESSUS

1   철팬에 호두를 펼쳐 놓고 170℃ 컨벡션 오븐에서 8분 동안 굽는다.
2   볼에 물, 구운 호두를 넣고 냉장고에서 12시간 동안 불린다.
3   체에 걸러 호두의 물기를 제거한다. (호두 전처리)
4   믹서볼에 강력분, 물, 우유, 소금, 설탕, 생이스트, 버터를 넣고 1단 4분, 2단 6분
    동안 믹싱한다.
    tip) 믹싱 시간은 스파이럴 믹서 기준이다.
5   호두 전처리, 건크랜베리를 넣고 1단에서 반죽에 재료가 섞일 때까지 믹싱한다.
    tip) 반죽에 글루텐이 생기고 점성이 있으며, 반죽을 떼어 늘여 보았을 때 지문이
    비치면 믹싱이 완성된 것이다.
6   반죽통에 반죽을 넣고 실온에서 20분 동안 1차 발효시킨다.
7   120g씩 분할하고 8㎝ 길이의 원통형으로 예비 성형한다.
    tip) 반죽은 최대한 사각형으로 분할한다.
    tip) 반죽을 평평하게 펴고 위에서부터 아래로 말면서 접는다.
8   나무판 위에 반죽을 일정한 간격으로 놓고 비닐을 덮는다.
9   실온에서 20분 동안 중간 발효시킨다.

5-❶

5-❷

5-❸

6

7-❶

7-❷

7-❸

8

10 반죽 윗면에 덧가루(분량 외)를 뿌린다.

   tip) 덧가루는 강력분을 사용한다.

11 반죽을 손으로 가볍게 두드려 가스를 빼고 평평하게 편다.

12 위에서부터 아래로 말면서 접어 22㎝ 길이의 바게트 모양이 되도록 한다.

13 반죽의 한쪽 끝 3㎝ 지점까지 밀대로 눌러 납작하게 만든다.

14 납작하게 만든 부분을 밀대로 밀어 편다.

15 반죽의 반대쪽 끝을 구부려 14의 가운데에 놓고 납작하게 밀어 편 반죽으로 감싸 붙인다.

16 반죽의 가운데 구멍에 손가락을 넣고 링 모양이 되도록 모양을 잡는다.

17 타공 철팬에 비닐을 깔고 성형한 반죽을 이음매가 바닥을 향하도록 하여 일정한 간격으로 팬닝한다.

18 온도 28℃, 습도 75% 발효실에서 30분 동안 2차 발효시킨다.

19 볼에 물, 설탕을 넣고 섞은 다음 90℃가 될 때까지 가열한다. (데치기용 물)

20 2차 발효를 마친 반죽을 데치기용 물에 넣고 앞뒤로 20초 동안 데친다.

21 테프론 시트를 깐 타공 철팬에 데친 반죽을 일정한 간격으로 팬닝한다.

22 윗불 230℃, 아랫불 220℃ 데크 오븐에서 14분 동안 굽는다.

햄버거 번
Buns
Hamburger

INGRÉDIENTS

햄버거 토핑
빵가루 100g
깨 10g

햄버거 번
강력분 500g
프랑스밀가루 500g
└ T65 트래디션
물 500g
달걀 110g

분유 40g
소금 18g
설탕 80g
생이스트 18g
버터 200g

MÉTHODE DE TRAVAIL

기본 온도	36℃	성형	원형
믹싱	1단 4분 → 2단 6분	마무리	토핑 묻히기
희망 반죽 온도	24~25℃	2차 발효	온도 28℃, 습도 80% 발효실 / 1시간 15분
1차 발효	실온 / 1시간	스팀	1초
분할	100g	굽기	데크 오븐 윗불 220℃, 아랫불 200℃ / 12분
중간 발효	실온 / 20분		

/

FABRICATION PROCESSUS

1 볼에 빵가루, 깨를 넣고 고루 섞는다. (햄버거 토핑)

2 믹서볼에 모든 재료를 넣고 1단 4분, 2단 6분 동안 믹싱한다.

    tip) 믹싱 시간은 버티컬 믹서 기준이다.

    tip) 반죽 표면이 매끄럽고 탄력이 있으면서 반죽을 떼어 늘여 보았을 때 지문이 비치면 믹싱이 완성된 것이다.

3 반죽통에 반죽을 넣고 실온에서 1시간 동안 1차 발효시킨다.

4 100g씩 분할하고 둥글리기한다.

    tip) 반죽을 손바닥으로 평평하게 펴 네 귀퉁이를 가운데로 모아 접은 다음 뒤집어 가장자리를 안으로 넣는다는 느낌으로 둥글리기한다.

5   나무판 위에 반죽을 일정한 간격으로 놓고 실온에서 20분 동안 중간 발효시킨다.

6   반죽을 손으로 가볍게 두드려 평평하게 편 뒤 네 귀퉁이를 가운데로 모아 접는다.

7   반죽을 뒤집어 가장자리를 안으로 넣는다는 느낌으로 둥글리기한다.

8   볼에 물(분량 외), 키친타월을 넣고 반죽의 윗면을 적신다.

9   반죽의 윗면에 햄버거 토핑을 묻힌다.

10 철팬에 일정한 간격으로 팬닝한 후 온도 28℃, 습도 80% 발효실에서 1시간 15분 동안 2차 발효시킨다.

11 윗불 220℃, 아랫불 200℃ 데크 오븐에서 1초 동안 스팀을 분사한 다음 12분 동안 굽는다.

탕종 식빵
Pain de Mie
Tangzhong

INGRÉDIENTS

탕종
강력분 150g
물(100℃) 300g
소금 3g
설탕 12g

탕종 식빵
강력분 1000g
우유 650g
소금 18g
설탕 50g

꿀 50g
생이스트 22g
버터 100g
탕종 465g

MÉTHODE DE TRAVAIL

기본 온도	36℃	중간 발효	실온 / 20분
믹싱	1단 4분 → 2단 7분	성형	삼봉형(21×9.5×9.5㎝)
희망 반죽 온도	24~25℃	2차 발효	온도 28℃, 습도 80% 발효실 / 1시간 45분
1차 발효	실온 / 1시간	마무리	달걀물 바르기
분할	155g	굽기	데크 오븐 윗불 180℃, 아랫불 210℃ / 28분

PAIN DE MIE
Tangzhong

/
FABRICATION PROCESSUS

1 냄비에 물을 넣고 끓인다.

2 믹서볼에 끓는 물 300g, 강력분,
소금, 설탕을 넣고 3단에서 3분 동안
믹싱한다.
   tip) 물은 끓으면서 증발하므로 끓인 후에
   필요한 양만큼 계량해 사용한다.
   tip) 믹싱 시간은 버티컬 믹서 기준이다.
   tip) 반죽이 끈적거리지 않고 페이스트
   상태가 될 때까지 믹싱한다.

3 볼에 옮긴 다음 랩을 밀착시켜 덮는다.

4 냉장고에서 최소 12시간 이상
숙성시킨다. (탕종)

5 믹서볼에 모든 재료를 넣고 1단 4분,
2단 7분 동안 믹싱한다.
   tip) 믹싱 시간은 버티컬 믹서 기준이다.
   tip) 반죽 표면이 매끄럽고 탄력이
   있으면서 반죽을 떼어 늘여 보았을 때
   지문이 비치면 믹싱이 완성된 것이다.

6 반죽통에 반죽을 넣고 실온에서 1시간
동안 1차 발효시킨다.

7 155g씩 분할하고 둥글리기한다.
   tip) 반죽은 최대한 사각형으로 분할한다.
   tip) 반죽을 손바닥으로 평평하게 펴
   반으로 접은 뒤 위에서부터 아래로
   말면서 접고 가장자리를 안으로 넣는다는
   느낌으로 둥글리기한다.

8 나무판 위에 반죽을 일정한 간격으로
놓고 실온에서 20분 동안 중간
발효시킨다.

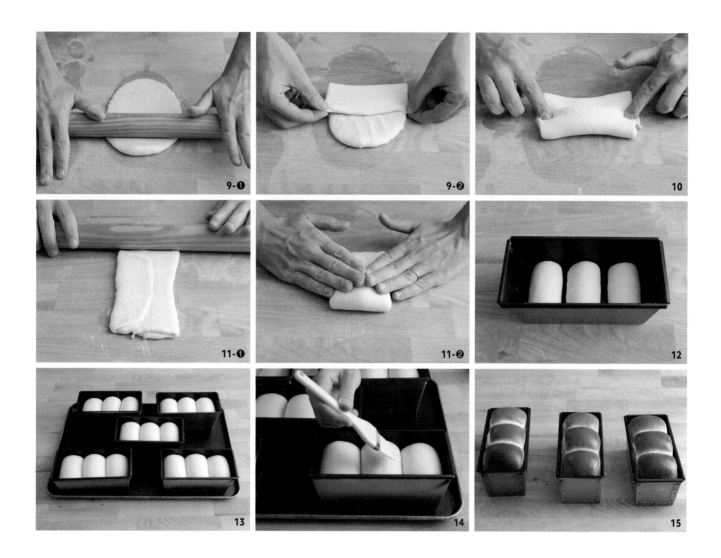

9 반죽을 밀대로 밀어 펴 가스를 빼고 아랫부분을 가운데로 접는다.

10 반죽의 윗부분을 가운데로 접은 후 90°로 회전시킨다.

11 밀대로 밀어 편 뒤 위에서부터 아래로 말면서 접는다.

12 21.5×9.5×9.5㎝ 크기의 식빵팬에 성형한 반죽 3개를 이음매가 아래를 향하게 하여
    일정한 간격으로 팬닝한다.

13 온도 28℃, 습도 80% 발효실에서 1시간 45분 동안 2차 발효시킨다.

14 윗면에 달걀물(분량 외)을 붓으로 바른다.
    tip) 달걀물은 노른자 50g, 달걀 50g, 우유 50g을 섞어 사용한다.

15 윗불 180℃, 아랫불 210℃ 데크 오븐에서 28분 동안 굽는다.

16 오븐에서 꺼내자마자 팬에서 뺀 다음 식힘망에 옮겨 식힌다.

마블 식빵
Pain de Mie
Marbré

INGRÉDIENTS

초콜릿 반죽

프랑스밀가루 120g
└ T65
코코아 파우더 60g
옥수수 전분 30g
우유 120g

설탕 120g
흰자 240g
다크초콜릿 300g
버터 120g

마블 식빵

강력분 1000g
물 350g
우유 300g
소금 18g
설탕 50g

꿀 50g
생이스트 22g
버터 100g
초콜릿 반죽 1040g

MÉTHODE DE TRAVAIL

기본 온도	36℃	중간 발효	실온 / 20분
믹싱	1단 4분 → 2단 7분	최종 밀기	60×25㎝
희망 반죽 온도	24~25℃	재단	12㎝ 길이의 롤(5개)
분할	초콜릿 반죽 520g(2개), 플레인 반죽 940g(2개)	2차 발효	온도 28℃, 습도 80% 발효실 / 2시간 30분
1차 발효	실온 / 1시간	마무리	달걀물 바르기
접기	3절 접기 2회	굽기	컨벡션 오븐 170℃ / 24분

PAIN DE MIE
Marbré

FABRICATION PROCESSUS

1 볼에 다크초콜릿, 버터를 넣고 중탕으로 녹인다.

2 프랑스밀가루, 코코아 파우더, 옥수수 전분을 함께 체 친다.

3 냄비에 우유, 설탕, 흰자를 넣고 거품기로 고루 섞는다.

4 3에 2를 넣고 고루 섞는다.

5 약불에서 거품기로 저어 가며 85℃가 될 때까지 가열한다.
   tip) 페이스트 상태가 되면 완성된 것이다.

6 1에 5를 붓고 고무 주걱으로 고루 섞는다.

7 비닐을 깐 알루미늄 트레이에 부은 다음 표면에 다른 비닐을 밀착시켜 냉장고에서
   보관한다. (초콜릿 반죽)

218

8 믹서볼에 초콜릿 반죽을 제외한 모든 재료를 넣고 1단 4분, 2단 7분 동안 믹싱한다.
   tip) 믹싱 시간은 버티컬 믹서 기준이다.
   tip) 반죽 표면이 매끄럽고 탄력이 있으면서 반죽을 떼어 늘여 보았을 때 지문이 비치면 믹싱이
   완성된 것이다.
9 반죽을 940g씩(2개) 분할해 둥글리기한다.
10 반죽통에 넣고 실온에서 1시간 동안 1차 발효시킨다.
11 초콜릿 반죽을 520g씩(2개) 분할한다.
12 초콜릿 반죽을 비닐로 감싼 다음 밀대를 사용해 20㎝ 크기의 정사각형으로 밀어 편다.

13 1차 발효를 마친 반죽을 밀대를 사용해 20×40㎝ 크기의 직사각형으로 밀어 편다.

14 반죽의 가운데에 초콜릿 반죽을 놓고 반죽의 윗부분과 아랫부분을 가운데로 접는다.

15 반죽의 이음매와 양옆을 잘 붙인 뒤 반죽을 90°로 회전시킨다.

16 밀대를 사용해 20×60㎝ 크기의 직사각형으로 밀어 편다.

17 3절 접기를 1회 하고 반죽을 90°로 회전시킨다. (3절접기 1회)

18 밀대를 사용해 20×60㎝ 크기의 직사각형으로 밀어 편 후 3절 접기를 1회 한다. (3절접기 2회)

tip) 반죽의 윗면을 밀대를 사용해 X자 모양으로 누르고 위에서 아래로, 왼쪽에서 오른쪽으로 누른 후 반죽을 밀어 편다.

19 반죽을 반죽통에 넣고 실온에서 20분 동안 중간 발효시킨다.

20 밀대를 사용해 60×25㎝ 크기의 직사각형으로 밀어 편다.

21 반죽 윗면에 물(분량 외)을 붓으로 바른 다음 위에서부터 아래로 타이트하게 돌돌 만다.

22 반죽의 양끝을 잘라 정리한 뒤 12㎝ 길이로 자른다.(5개)

23 12×10.5×8㎝ 크기의 직사각형팬에 재단한 반죽을 1개씩 팬닝한다.

24 온도 28℃, 습도 80% 발효실에서 2시간 30분 동안 2차 발효시킨다.

25 윗면에 달걀물(분량 외)을 붓으로 바른다.

    tip) 달걀물은 노른자 50g, 달걀 50g, 우유 50g을 섞어 사용한다.

26 170℃ 컨벡션 오븐에서 24분 동안 굽는다.

27 오븐에서 꺼내자마자 팬에서 뺀 후 식힘망에 옮겨 완전히 식힌다.

소금빵
Pain de Sel

강력분 600g

프랑스밀가루 400g

└ T65 트래디션

분유 40g

물 600g

소금 20g

설탕 80g

생이스트 30g

버터 200g

MÉTHODE DE TRAVAIL

기본 온도	42℃	중간 발효	3℃ 냉장고 / 30분
믹싱	1단 4분 → 2단 7분	성형	소금빵 모양(+버터 8g)
희망 반죽 온도	24~25℃	2차 발효	온도 28℃, 습도 80% 발효실 / 1시간
1차 발효	실온 / 50분	마무리	물 바르기, 소금 뿌리기
분할	65g	굽기	데크 오븐 윗불 220℃, 아랫불 200℃ / 14분
예비 성형	올챙이 모양		

PAIN DE
Sel

FABRICATION PROCESSUS

1 믹서볼에 모든 재료를 넣고 1단 4분, 2단 7분 동안 믹싱한다.

tip) 믹싱 시간은 버티컬 믹서 기준이다.

tip) 반죽 표면이 매끄럽고 탄력이 있으면서 반죽을 떼어 늘여 보았을 때 지문이 비치면 믹싱이 완성된 것이다.

2 반죽통에 반죽을 넣고 실온에서 50분 동안 1차 발효시킨다.

3 65g씩 분할하고 둥글리기한다.

tip) 반죽을 손바닥으로 평평하게 펴 네 귀퉁이를 가운데로 모아 접은 다음 뒤집어 가장자리를 안으로 넣는다는 느낌으로 둥글리기한다.

4 반죽의 한쪽 끝을 누르면서 밀어 올챙이 모양으로 만든다.

5 알루미늄 트레이에 반죽을 일정한 간격으로 놓고 비닐을 덮은 뒤 3℃ 냉장고에서 30분 동안 중간 발효시킨다.

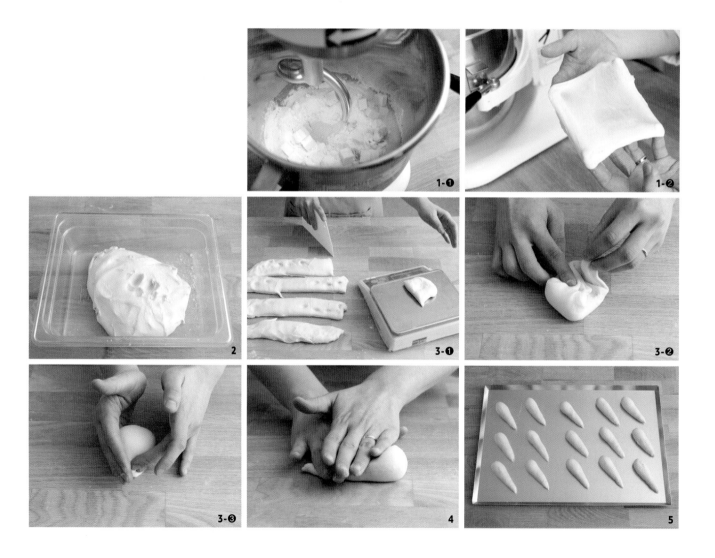

6 반죽을 밀대로 밀어 펴 가스를 뺀다.

7 윗부분과 아랫부분을 밀어 펴 50㎝ 길이의 삼각형이 되도록 한다.

   tip) 아랫부분 반죽을 밀어 펼 때 반죽 끝을 잡아당기면서 밀어 편다.

8 반죽 윗부분에 버터(분량 외)를 8g씩 올리고 소금(분량 외)을 살짝 뿌린다.

   tip) 버터는 8g씩 잘라 냉장고에서 보관했다가 사용한다. 시트형 버터를 잘라 사용하면 편리하다.

9 윗부분 반죽으로 버터를 감싸고 위에서부터 아래로 돌돌 만다.

10 철판에 일정한 간격으로 팬닝한다.

11 온도 28℃, 습도 80% 발효실에서 1시간 동안 2차 발효시킨다.

12 반죽 윗면에 물(분량 외)을 붓으로 바르고 소금(분량 외)을 뿌린다.

13 윗불 220℃, 아랫불 200℃ 데크 오븐에서 14분 동안 굽는다.

슈톨렌
Stollen

INGRÉDIENTS

아몬드 페이스트
물 38g
설탕 134g
아몬드 파우더 258g
럼 14g
오렌지 농축액 6g

과일 전처리
레드 와인 175g
시나몬 파우더 6g
넛메그 가루 3g
건포도 400g
건크랜베리 150g
오렌지 콩피 375g

슈톨렌
강력분 750g
호밀 가루 250g
우유 480g
소금 22g
설탕 80g
꿀 40g

생이스트 28g
버터A 200g
버터B 200g
과일 전처리 1100g

MÉTHODE DE TRAVAIL

기본 온도	36℃
믹싱	1단 12분 → 버터B 투입 → 1단 5분 → 2단 4~5분
희망 반죽 온도	24~25℃
1차 발효	실온 / 2시간 30분
분할	310g
중간 발효	실온 / 20분
성형	슈톨렌 모양(+아몬드 페이스트)
냉장 발효	3℃ 냉장고 / 15시간
2차 발효	온도 28℃, 습도 80% 발효실 / 1시간 30분
굽기	데크 오븐 윗불 185℃, 아랫불 185℃ / 32분
마무리	정제 버터 바르기, 슈거파우더 묻히기
	랩으로 싸기

Stollen

FABRICATION PROCESSUS

1 냄비에 물, 설탕을 넣고 고무 주걱으로 섞은 뒤 60℃까지 데운다.
2 믹서볼에 아몬드 파우더와 1을 넣고 비터로 믹싱한다.
3 럼, 오렌지 농축액을 차례대로 넣고 페이스트 상태가 될 때까지 믹싱한다.
4 한 덩어리로 뭉쳐 60g씩 분할한다.
5 14㎝ 길이의 막대 모양으로 성형해 비닐을 깐 알루미늄 트레이에 일정한 간격으로 놓는다.
6 비닐을 덮어 냉장고에서 보관한다. (아몬드 페이스트)

7 냄비에 레드 와인, 시나몬 파우더, 넛메그 가루를 넣고 중불에서 끓인다.

8 밀폐 용기에 건포도, 건크랜베리, 오렌지 콩피를 넣은 다음 7을 붓고 섞는다.

9 뚜껑을 덮고 냉장고에서 약 1주일 동안 절인다. (과일 전처리)

10 믹서볼에 버터B, 과일 전처리를 제외한 모든 재료를 넣고 1단에서 12분 동안 믹싱한다.

  tip) 믹싱 전 모든 재료는 냉장고에서 2시간 이상 보관해 차가운 상태로 준비한다.

  tip) 믹싱 시간은 버티컬 믹서 기준이다.

11 반죽에 글루텐이 형성되기 시작하면 버터B를 넣고 1단에서 5분 동안 믹싱한 다음
  과일 전처리를 넣고 2단에서 4~5분 동안 믹싱한다.

  tip) 반죽 표면이 매끄럽고 탄력이 있으면서 반죽을 떼어 늘여 보았을 때 지문이 비치면
  믹싱이 완성된 것이다.

12 반죽통에 넣고 실온(23~24℃)에서 2시간 30분 동안 1차 발효시킨다.

13 310g씩 분할해 둥글리기한다.

14 나무판에 반죽을 일정한 간격으로 놓고 실온에서 20분 동안 중간 발효시킨다.

15 밀대를 사용해 16㎝ 길이의 타원형으로 밀어 편다.

16 반죽을 90°로 회전시켜 가운데에 아몬드 페이스트를 놓는다.

17 반죽 윗부분을 아랫부분까지 접은 후 손바닥으로 누른다.

18 반죽 아랫부분을 밀대를 사용해 입술 모양이 되도록 가볍게 누른다.

19 철팬에 일정한 간격으로 팬닝해 3℃ 냉장고에서 약 15시간 동안 냉장 발효시킨다.

20 온도 28℃, 습도 80% 발효실에서 1시간 30분 동안 2차 발효시킨다.

21 윗불 185℃, 아랫불 185℃ 데크 오븐에서 32분 동안 굽는다.

22 오븐에서 꺼내자마자 붓으로 겉면에 정제 버터(분량 외)를 바른다.

tip) 정제 버터는 냄비에 버터를 넣고 끓인 다음 10분 정도 식히고 체에 거른 것을 사용한다.

23 식힘망에 옮겨 충분히 식힌다.

24 겉면에 슈거파우더(분량 외)를 듬뿍 묻히고 랩으로 감싸 실온에서 보관한다.

tip) 슈톨렌은 상온에서 3주 동안 보관 및 섭취 가능하다.

04

—

Les Viennoiseries Tendances

트렌디 비에누아즈리

큐브 푀이테
Cube
Feuilleté

INGRÉDIENTS

프랑스밀가루 750g	소금 18g
└ T55 그뤼오	설탕 130g
프랑스밀가루 250g	생이스트 50g
└ T65 트래디션	버터 125g
물 430g	묵은 반죽(비에누아즈리) 200g
달걀 50g	충전용 버터 500g

MÉTHODE DE TRAVAIL

기본 온도	36℃	접기	4절 접기 2회
믹싱	1단 8분 → 2단 5분	휴지❶	-18℃ 냉동고 / 25분
희망 반죽 온도	24~25℃	중간 밀기	30×22×0.6cm
분할	500g	휴지❷	-2℃ 냉장고 / 30분
1차 발효❶	실온 / 20분	최종 밀기	45×22×0.45cm
펀치	1회	재단	7cm 크기의 정사각형(18개)
1차 발효❷	실온 / 20분	성형	사각형
냉동 발효	-18℃ 냉동고 / 30분	2차 발효	온도 28℃, 습도 70~80% 발효실 / 1시간 45분
냉장 발효	-2℃ 냉장고 / 15시간	굽기	컨벡션 오븐 160℃ / 24분

CUBE
Feuilleté

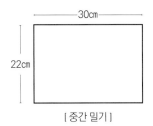

[중간 밀기]

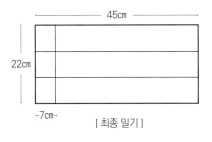

[최종 밀기]

/

FABRICATION PROCESSUS

1 믹서볼에 충전용 버터를 제외한 모든 재료를 넣고 1단 8분, 2단 5분 동안 믹싱한다.

　tip) 믹싱 전 모든 재료를 냉장고에서 최소 2시간 동안 보관해 차가운 상태로 준비한다.

　tip) 믹싱 시간은 스파이럴 믹서 기준이다.

　tip) 반죽 표면이 매끄럽고 탄력이 생기면 믹싱이 완성된 것이다.

2 500g씩 분할한 다음 둥글리기한다.

3 반죽통에 넣고 실온(23~24℃)에서 20분 동안 1차 발효시킨다.

4 반죽에 펀치를 1회 준다.

　tip) 반죽을 손바닥으로 가볍게 두드려 가스를 빼고 위아래를 가운데로 겹쳐 접으면서 펀치를 준다.

5 반죽통에 넣고 실온에서 다시 20분 동안 발효시킨다.

6 파이롤러를 사용해 반죽을 45×15㎝ 크기의 직사각형이 되도록 밀어 편다.

7 3절 접기를 1회 한 다음 30×15㎝ 크기의 직사각형이 되도록 밀어 편다.

8 알루미늄 트레이에 반죽을 놓고 비닐을 덮은 뒤 −18℃ 냉동고에서 30분 동안 냉동 발효시킨다.

9 −2℃ 냉장고로 옮겨 15시간 동안 냉장 발효시킨다.

10 충전용 버터를 125g씩 분할한 후 15㎝ 크기의 정사각형으로 밀어 펴고 냉장고에서 보관한다.

  tip) 충전용 버터는 사용하기 30분 전에 미리 실온에 꺼내 둔다. 버터를 밀어 펼 때는 비닐로 버터를 감싼 다음 밀대로 두들기며 작업하면 편리하다.

  tip) 시트형 버터가 아닌 일반 버터로 작업할 경우 약 2℃ 정도 더 낮은 온도에서 작업하는 것이 좋다.

11 충전용 버터의 온도를 13℃로 맞추고 냉장 발효를 마친 반죽의 가운데에 놓는다.

12 반죽의 윗부분과 아랫부분을 잘라 충전용 버터 윗면에 붙인다.

13 반죽을 90°로 회전시켜 반죽의 위아래를 밀대로 누른 다음 반죽을 가운데에서부터 끝으로 밀어 편다.

  tip) 반죽의 위아래를 밀대로 눌러 버터의 끝부분을 얇게 만들면 접기 작업이 한결 쉬워진다.

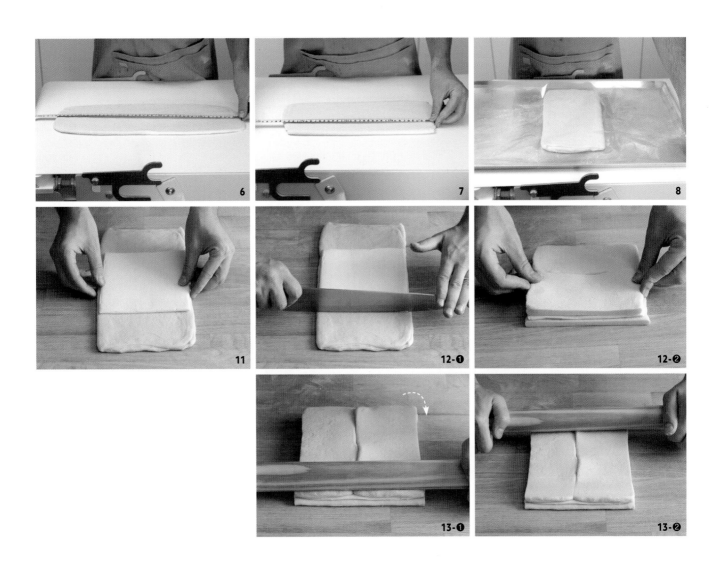

14 파이롤러를 사용해 60×15㎝ 크기의 직사각형이 되도록 밀어 편다.

    tip) 파이롤러를 사용할 때는 반죽과 비슷한 두께부터 시작해 조금씩 얇은 두께가 되도록 단계적으로 조절한다.

15 4절 접기를 1회 한 뒤 90°로 회전시킨다. (4절 접기 1회)

16 반죽의 양옆을 칼로 자르고 파이롤러를 사용해 60×15㎝ 크기의 직사각형으로 밀어 편다.

    tip) 반죽의 양옆을 잘라 반죽의 힘을 한 번 끊어주면 다음 단계에서 수축 등의 변형이 일어나지 않는다.

17 4절 접기를 1회 하고 −18℃ 냉동고에서 25분 동안 휴지시킨다. (4절 접기 2회)

18 반죽의 양옆을 칼로 자르고 30×22×0.6㎝ 크기의 직사각형으로 밀어 편다.

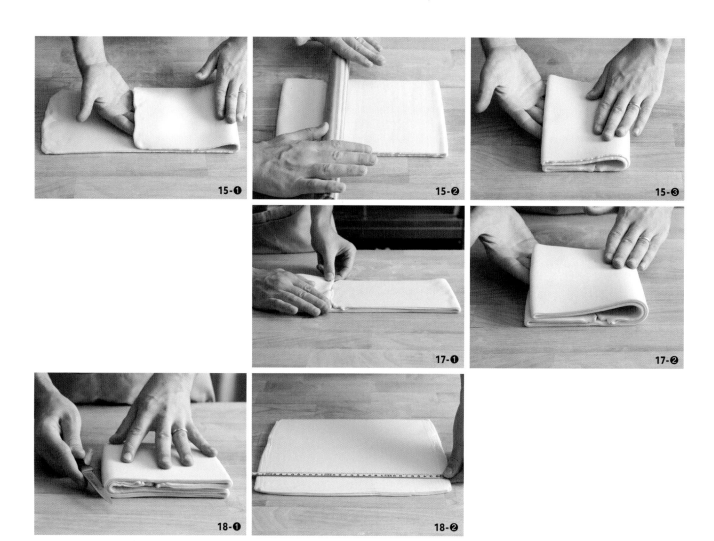

19 −2℃ 냉장고에서 30분 동안 휴지시킨다.

20 파이롤러를 사용해 반죽을 45×22×0.45㎝ 크기의 직사각형이 되도록 밀어 편다.

21 반죽의 왼쪽과 윗부분의 가장자리를 잘라 정리한다.

22 7㎝ 크기의 정사각형으로 자른다.(18개)

23 재단한 반죽을 3개씩 겹쳐(85~90g) 7㎝ 크기의 큐브모양 팬에 팬닝한다.

24 온도 28℃, 습도 70~80% 발효실에서 1시간 45분 동안 2차 발효시킨다.

25 팬의 뚜껑을 닫고 160℃ 컨벡션 오븐에서 24분 동안 굽는다.

26 오븐에서 꺼내자마자 팬에서 빼 식힘망에 옮기고 완전히 식힌다.

초콜릿 큐브 푀이테

Cube Feuilleté
au Chocolat

INGRÉDIENTS

초콜릿 커스터드 크림
우유 500g
설탕 100g
노른자 80g
옥수수 전분 40g
다크초콜릿(55%) 150g

초콜릿 데니시 큐브 식빵
프랑스밀가루 750g
└ T55 그뤼오
프랑스밀가루 250g
└ T65 트래디션
블랙 코코아 파우더 18g

물 450g
달걀 50g
소금 18g
설탕 130g
생이스트 50g

버터 125g
묵은 반죽(비에누아즈리) 200g
충전용 버터 500g
초콜릿 커스터드 크림 300g

MÉTHODE DE TRAVAIL

기본 온도	42℃	휴지❶	-18℃ 냉동고 / 25분
믹싱	1단 8분 → 2단 5분	중간 밀기	30×22×0.6㎝
희망 반죽 온도	24~25℃	휴지❷	-2℃ 냉장고 / 30분
분할	500g	최종 밀기	45×22×0.45㎝
1차 발효❶	실온 / 20분	재단	7㎝ 크기의 정사각형(18개)
펀치	1회	성형	사각형
1차 발효❷	실온 / 20분	2차 발효	온도 28℃, 습도 70~80% 발효실 / 1시간 45분
냉동 발효	-18℃ 냉동고 / 30분	굽기	컨벡션 오븐 160℃ / 24분
냉장 발효	-2℃ 냉장고 / 15시간	마무리	초콜릿 커스터드 크림 짜 넣기(50g)
접기	4절 접기 2회		슈거파우더 뿌리기

CUBE FEUILLETÉ
au Chocolat

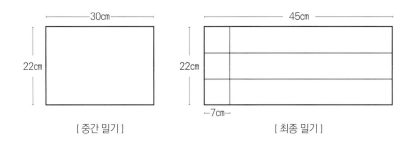

[중간 밀기]   30cm × 22cm

[최종 밀기]   45cm × 22cm, 7cm

HOW TO MAKE

1 냄비에 우유, 설탕의 일부를 넣고 끓인다.
2 볼에 노른자, 남은 설탕을 넣고 거품기로 고루 섞은 다음 옥수수 전분을 넣고 섞는다.
3 2에 1을 조금씩 나누어 넣으면서 섞는다.
4 다시 냄비에 옮겨 거품기로 저어 가며 크림 상태가 될 때까지 가열한다.
   tip) 크림 표면이 매끄러우면서 윤기가 나면 완성된 것이다.
5 불에서 내려 볼에 옮기고 다크초콜릿을 넣고 섞는다.
6 표면에 랩을 밀착시켜 냉장고에서 보관한다. (초콜릿 커스터드 크림)

7 믹서볼에 충전용 버터, 초콜릿 커스터드 크림을 제외한 모든 재료를 넣고 1단 8분,
2단 5분 동안 믹싱한다.

   tip) 믹싱 전 모든 재료를 냉장고에서 최소 2시간 동안 보관해 차가운 상태로 준비한다.

   tip) 믹싱 시간은 스파이럴 믹서 기준이다.

   tip) 반죽 표면이 매끄럽고 탄력이 있으면서 반죽을 떼어 늘여 보았을 때 지문이 비치면
   믹싱이 완성된 것이다.

8 500g씩 분할한 뒤 둥글리기한다.

9 반죽통에 넣고 실온(23~24℃)에서 20분 동안 1차 발효시킨다.

10 반죽에 펀치를 1회 준다.

   tip) 반죽을 손바닥으로 가볍게 두드려 가스를 뺀 뒤 위아래를 가운데로 겹쳐 접고 매끄러운 면이
   위를 향하게 한다.

11 반죽통에 넣고 실온에서 20분 동안 다시 발효시킨다.

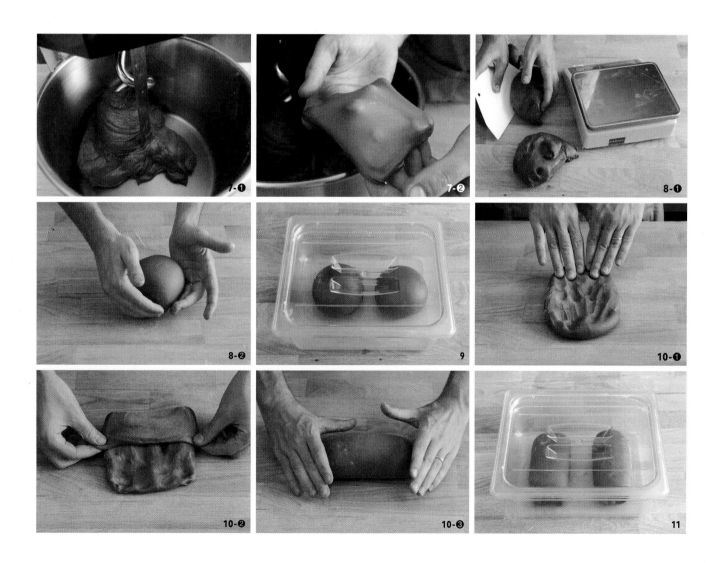

12 파이롤러를 사용해 반죽을 45×15㎝ 크기의 직사각형이 되도록 밀어 편다.

13 3절 접기를 1회 한 후 30×15㎝ 크기의 직사각형이 되도록 밀어 편다.

14 알루미늄 트레이에 반죽을 놓고 비닐을 덮은 다음 −18℃ 냉동고에서 30분 동안 냉동 발효시킨다.

15 −2℃ 냉장고로 옮겨 15시간 동안 냉장 발효시킨다.

16 충전용 버터를 125g씩 분할한 뒤 15㎝ 크기의 정사각형으로 밀어 펴 냉장고에서 보관한다.

   tip) 충전용 버터는 사용하기 30분 전에 미리 실온에 꺼내 둔다. 버터를 밀어 펼 때는 비닐로 버터를 감싼 다음 밀대로 두들기며 작업하면 편리하다.

17 충전용 버터의 온도를 13℃로 맞추고 냉장 발효를 마친 반죽의 가운데에 놓는다.

18 반죽의 윗부분과 아랫부분을 잘라 충전용 버터 윗면에 붙인다.

19 반죽을 90°로 회전시켜 반죽의 위아래를 밀대로 누른 후 반죽을 가운데에서부터 끝으로 밀어 편다.

   tip) 반죽의 위아래를 밀대로 눌러 버터의 끝부분을 얇게 만들면 접기 작업이 한결 쉬워진다.

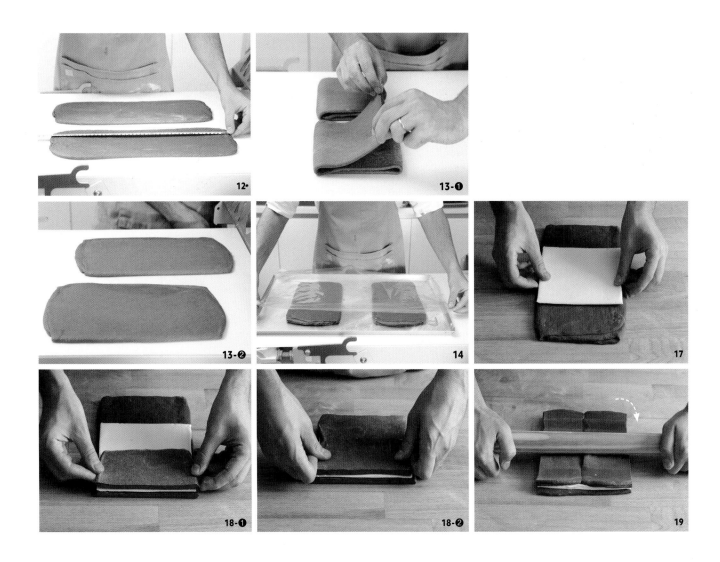

20 파이롤러를 사용해 반죽을 60×15㎝ 크기의 직사각형이 되도록 밀어 편다.

  tip) 파이롤러를 사용할 때는 반죽과 비슷한 두께부터 시작해 조금씩 얇은 두께가 되도록
  단계적으로 조절한다.

21 4절 접기 1회 한 다음 90°로 회전시킨다. (4절 접기 1회)

22 반죽의 양옆을 칼로 자른 다음 파이롤러를 사용해 60×15㎝ 크기의 직사각형이
  되도록 밀어 편다.

  tip) 반죽의 양옆을 잘라 반죽의 힘을 한 번 끊어주면 다음 단계에서
  수축 등의 변형이 일어나지 않는다.

23 4절 접기를 1회하고 −18℃ 냉동고에서 25분 동안 휴지시킨다. (4절 접기 2회)

24 반죽의 양옆을 칼로 자르고 파이롤러를 사용해 30×22×0.6㎝ 크기의 직사각형으로 밀어 편다.

25 −2℃ 냉장고에서 30분 동안 휴지시킨다.

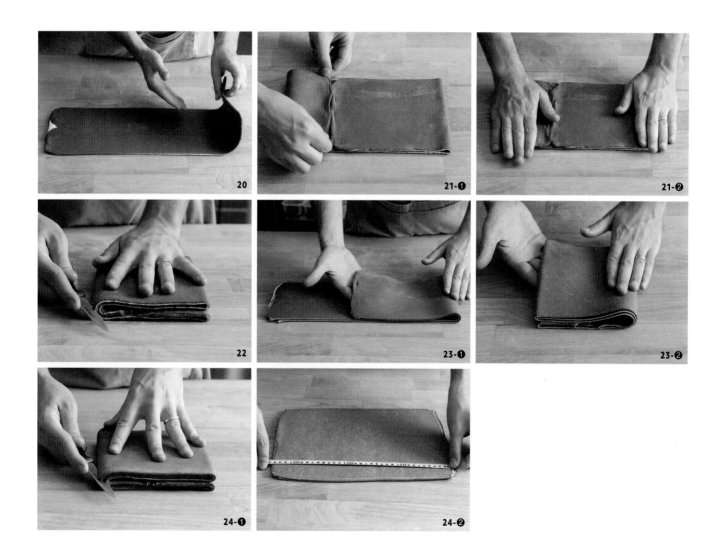

26 파이롤러를 사용해 반죽을 45×22×0.45cm 크기의 직사각형이 되도록 밀어 편다.

27 반죽의 왼쪽과 윗부분의 가장자리를 잘라 정리한다.

28 7cm 크기의 정사각형으로 자른다.(18개)

29 재단한 반죽을 3개씩 겹쳐(85~90g) 7cm 크기의 큐브모양 팬에 팬닝한다.

30 온도 28℃, 습도 70~80% 발효실에서 1시간 45분 동안 2차 발효시킨다.

31 팬의 뚜껑을 닫고 160℃ 컨벡션 오븐에서 24분 동안 굽는다.

32 오븐에서 꺼내자마자 팬에서 빼 식힘망에 옮기고 약 2시간 동안 완전히 식힌다.

33 식빵 아랫부분에 가위로 구멍을 낸다.

34 짤주머니에 부드럽게 푼 초콜릿 커스터드 크림을 넣은 뒤 구멍에 50g씩 짜 넣고 뒤집는다.

35 윗면에 슈거파우더(분량 외)를 뿌려 장식한다.

피스타치오 바브카

Babka
Pistache

INGRÉDIENTS

피스타치오 필링
버터 80g
설탕 80g
아몬드 파우더 80g
달걀 40g
피스타치오 페이스트 64g
럼 8g

피스타치오 바브카
브리오슈 반죽(124p 참고) 950g
피스타치오 분태 90g
피스타치오 필링 344g

MÉTHODE DE TRAVAIL

최종 밀기	45×38cm
중간 발효	2℃ 냉장고 / 약 30분
재단	45x19cm 크기의 직사각형(2개)
	→15cm 길이의 원통형(6개)
성형	트위스트 원형(지름 12cm)
2차 발효	온도 28℃, 습도 70~80% 발효실 / 3시간
굽기	데크 오븐 윗불 185℃, 아랫불 170℃ / 23분
마무리	시럽 바르기

BABKA
Pistache

FABRICATION PROCESSUS

1 볼에 부드러운 상태의 버터, 설탕, 아몬드 파우더, 달걀 1/2을 넣고 고무 주걱으로 섞는다.
tip) 모든 재료는 사용 전 실온에 최소 2시간 이상 둔다.

2 남은 달걀을 넣고 고루 섞은 다음 피스타치오 페이스트와 럼을 넣고 고루 섞는다.

3 랩을 덮어 냉장고에서 보관한다. (피스타치오 필링)

4 냉장 발효를 마친 브리오슈 반죽을 파이롤러를 사용해 45×38㎝ 크기의 직사각형이
되도록 밀어 편다.
tip) 브리오슈 반죽은 124p를 참고해 만든다.

5 2℃ 냉장고에서 최소 30분 동안 중간 발효시킨다.

6 반죽에 피스타치오 필링을 스패튤러를 사용해 고루 펴 바른다.

7 피스타치오 분태를 고루 뿌린다.
tip) 피스타치오 분태는 160℃ 컨벡션 오븐에서 7~8분 동안 구운 것을 사용한다. 남은
피스타치오 분태는 실온에서 2~3주 동안 보관 및 사용할 수 있다.

8 반죽의 치수를 잰 뒤 가운데를 잘라 45×19㎝ 크기의 직사각형이 되도록 한다.(2개)

45cm

38cm

19cm

[재단]

9 각각의 반죽을 위에서부터 아래로 돌돌 만다.

10 3등분(6개)으로 자른 후 반죽의 윗면 가운데를 손으로 가볍게 누른다.

11 반죽을 세로로 길게 잘라 X자로 겹친다.

12 반죽의 위아래를 꼰 뒤 원형으로 돌돌 만다.

13 지름 12㎝, 높이 4㎝ 크기의 원형팬에 반죽을 팬닝한다.

14 온도 28℃, 습도 70~80% 발효실에서 3시간 동안 2차 발효시킨다.

15 윗불 185℃, 아랫불 170℃ 데크 오븐에서 23분 동안 굽는다.

16 오븐에서 꺼내자마자 팬에서 빼 식힘망에 옮긴 후 시럽(분량 외)을 바른다.
   tip) 시럽은 설탕과 물을 1:1 비율로 섞어 끓인 것을 사용한다.

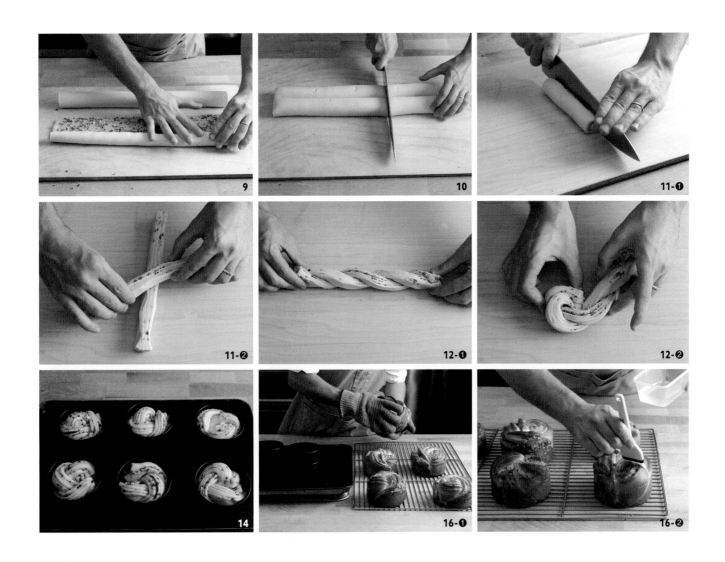

흑임자 바브카
Babka
Sesame Noir

INGRÉDIENTS

흑임자 필링
아몬드 페이스트 188g
흰자 75g
흑임자 페이스트 93g

흑임자 바브카
브리오슈 반죽(124p 참고) 950g
흑임자 필링 350g

MÉTHODE DE TRAVAIL

최종 밀기	45×38㎝
중간 발효	2℃ 냉장고 / 약 30분
재단	45x19㎝ 크기의 직사각형(2개)
	→ 15㎝ 길이의 원통형(6개)
성형	트위스트 모양
2차 발효	온도 28℃, 습도 70~80% 발효실 / 3시간
굽기	데크 오븐 윗불 185℃, 아랫불 170℃ / 23분
마무리	시럽 바르기

BABKA
Sesame Noir

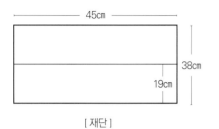

[재단]

FABRICATION PROCESSUS

1 믹서볼에 아몬드 페이스트, 흰자를 넣고 아몬드 페이스트가 부드러워질 때까지 비터로 믹싱한다.

2 흑임자 페이스트를 넣고 고루 믹싱한다.

3 볼에 옮겨 랩을 덮은 다음 냉장고에서 보관한다. (흑임자 필링)

4 냉장 발효를 마친 브리오슈 반죽(124p 참고)을 파이롤러를 사용해 45×38㎝ 크기의 직사각형이 되도록 밀어 편다.

5 2℃ 냉장고에서 최소 30분 동안 중간 발효시킨다.

6 반죽에 흑임자 필링을 스크레이퍼를 사용해 고루 펴 바른다.

7 반죽의 치수를 잰 뒤 가운데를 잘라 45×19㎝ 크기의 직사각형이 되도록 한다.(2개)

8 각각의 반죽을 위에서부터 아래로 돌돌 만다.

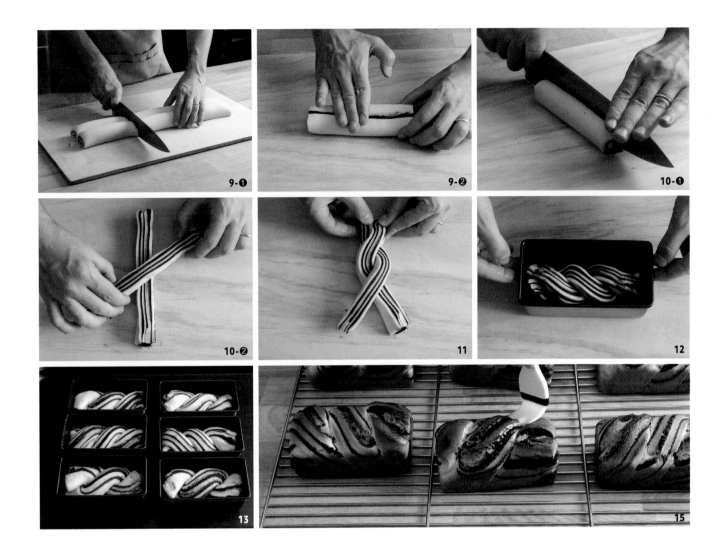

9   3등분(6개)으로 자르고 반죽의 윗면 가운데를 손으로 가볍게 누른다.

10 반죽을 세로로 길게 잘라 X자로 겹친다.

11 반죽의 위아래를 꼰다.

12 15.5×7.5×6.5㎝ 크기의 직사각형팬에 반죽을 팬닝한다.

13 온도 28℃, 습도 70~80% 발효실에서 3시간 동안 2차 발효시킨다.

14 윗불 185℃, 아랫불 170℃ 데크 오븐에서 23분 동안 굽는다.

15 오븐에서 꺼내자마자 팬에서 빼 식힘망에 옮긴 뒤 시럽(분량 외)을 바른다.

    tip) 시럽은 설탕과 물을 1:1 비율로 섞어 끓인 것을 사용한다.

밤 블랙커런트 크러핀

Cruffin
Marron Cassis

INGRÉDIENTS

밤 크림
밤 · 바닐라 퓌레 400g
설탕A 40g
옥수수 전분 16g
생크림 128g
설탕B 13g

블랙커런트 크림
블랙커런트 퓌레 225g
설탕 45g
옥수수 전분 18g

밤 블랙커런트 크러핀
크루아상 반죽(102p 참고)
└ 3절 접기 2회
밤 크림 560g
블랙 커런트 크림 160g

MÉTHODE DE TRAVAIL

중간 밀기	40×34×0.6㎝
휴지	-2℃ 냉장고 / 30분
최종 밀기	80×34×0.3㎝
재단	4.5×34㎝ 크기의 직사각형(16개)
성형	달팽이 모양
2차 발효	온도 28℃, 습도 70~80% 발효실 / 2시간
굽기	데크 오븐 윗불 205℃, 아랫불 200℃ / 16분
마무리	시럽 바르기, 밤 크림 짜 넣기
	블랙 커런트 크림 짜 넣기, 슈거파우더 뿌리기

CRUFFIN
Marron Cassis

/

FABRICATION PROCESSUS

1 냄비에 밤 · 바닐라 퓌레, 설탕A, 옥수수 전분을 넣고 고무 주걱으로 고루 섞는다.

2 불에 올려 고무 주걱으로 저어 가며 크림 상태가 될 때까지 30초 동안 가열한다.

3 비닐을 깐 타공 철판에 크림을 붓고 비닐을 밀착시켜 냉장고에서 보관한다.

4 믹서볼에 생크림, 설탕B를 넣고 80%까지 휘핑한다.

5 볼에 3을 넣고 거품기로 부드럽게 푼 후 4를 넣고 섞는다.

6 랩을 덮어 냉장고에서 보관한다. (밤 크림)

7　다른 냄비에 블랙커런트 퓌레, 설탕, 옥수수 전분을 넣고 고무 주걱으로 고루 섞는다.

8　불에 올려 고무 주걱으로 저어 가며 크림 상태가 될 때까지 30초 동안 가열한다.

9　비닐을 깐 타공 철팬에 크림을 붓고 비닐을 밀착시켜 냉장고에서 보관한다. （블랙커런트 크림）

10 휴지를 마친 크루아상 반죽의 양옆을 칼로 잘라 정리한다.

tip) 크루아상 반죽은 102p의 크루아상 기본 반죽 1~15의 공정을 진행한 뒤, 반죽을 90°로 회전시킨다. 그리고 60×20㎝ 크기의 직사각형으로 밀어 펴 3절 접기 1회 한 다음 −18℃ 냉동고에서 25분 동안 휴지시켜 사용한다.

11 파이롤러를 사용해 반죽을 40×34×0.6㎝ 크기의 직사각형으로 밀어 편다.

12 −2℃ 냉장고에서 30분 동안 휴지시킨다.

13 파이롤러를 사용해 반죽을 80×34×0.3㎝ 크기의 직사각형이 되도록 밀어 편다.

14 반죽의 가장자리를 잘라 정리한다.

15 4.5×34㎝ 크기의 직사각형으로 자른다.(16개)

16 반죽을 위에서부터 아래로 돌돌 만다.

17 지름 8㎝, 높이 5㎝ 크기의 원형팬에 반죽의 결이 위를 향하게 하여 팬닝한다.

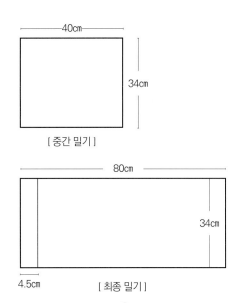

[중간 밀기]

40cm / 34cm

[최종 밀기]

80cm / 34cm / 4.5cm

18 온도 28℃, 습도 70~80% 발효실에서 2시간 동안 2차 발효시킨다.

19 윗불 205℃, 아랫불 200℃ 데크 오븐에서 16분 동안 굽는다.

20 오븐에서 꺼내자마자 팬에서 빼 식힘망에 옮긴 후 시럽(분량 외)을 바르고 약 2시간 동안 완전히 식힌다.

   tip) 시럽은 설탕과 물을 1:1 비율로 섞어 끓인 것을 사용한다.

21 윗부분에 과도를 사용해 구멍을 뚫는다.

22 짤주머니 2개에 부드럽게 푼 밤 크림, 블랙커런트 크림을 각각 넣은 다음 구멍에 밤 크림은 35g씩, 블랙커런트 크림은 10g씩 짜 넣는다.

23 구멍 윗면에 밤 크림을 다시 짜고 슈거파우더(분량 외)를 뿌려 장식한다.

코코넛 파인애플 크러핀

Cruffin
Coco Ananas

INGRÉDIENTS

코코넛 크림
코코넛 퓌레 400g
설탕A 40g
옥수수 전분 20g
생크림 125g
설탕B 13g
라임 제스트 1/2개 분량

파인애플 크림
파인애플 퓌레 225g
설탕 45g
옥수수 전분 18g

코코넛 파인애플 크러핀
크루아상 반죽(102p 참고)
ㄴ 3절 접기 2회
코코넛 크림 560g
파인애플 크림 160g

MÉTHODE DE TRAVAIL

중간 밀기	40×34×0.6㎝
휴지	-2℃ 냉장고 / 30분
최종 밀기	80×34×0.3㎝
재단	4.5×17㎝ 크기의 직사각형(32개)
성형	달팽이 모양
2차 발효	온도 28℃, 습도 70~80% 발효실 / 2시간
굽기	데크 오븐 윗불 205℃, 아랫불 200℃ / 16분
마무리	시럽 바르기, 코코넛 크림 짜 넣기
	파인애플 크림 짜 넣기, 라임 제스트 뿌리기

04 | 트렌디 비에누아즈리

263

CRUFFIN
Coco Ananas

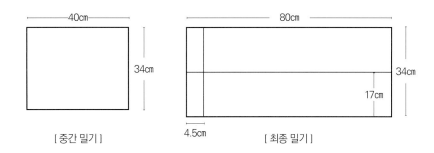

[중간 밀기] [최종 밀기]

40cm 34cm

80cm 34cm 17cm 4.5cm

FABRICATION PROCESSUS

1. 냄비에 코코넛 퓌레, 설탕A, 옥수수 전분을 넣고 고무 주걱으로 고루 섞은 다음 불에 올려 저어 가며 크림 상태가 될 때까지 30초 동안 가열한다.

2. 비닐을 깐 타공 철판에 옮긴 뒤 비닐을 밀착시켜 냉장고에서 식힌다.

3. 믹서볼에 생크림, 설탕B를 넣고 80%까지 휘핑한다.

4. 볼에 2를 넣고 거품기로 부드럽게 푼 후 3의 크림과 라임 제스트를 넣고 섞는다.
   tip) 크림을 다 섞으면 고무 주걱으로 다시 고루 섞어 마무리한다.

5. 랩을 밀착시켜 냉장고에서 보관한다. (코코넛 크림)

6 다른 냄비에 파인애플 퓌레, 설탕, 옥수수 전분을 넣고 고무 주걱으로 고루 섞은 다음 불에 올리고 저어 가며 크림 상태가 될 때까지 30초 동안 가열한다.

7 비닐을 깐 타공 철팬에 크림을 부은 뒤 비닐을 밀착시켜 냉장고에서 보관한다. (파인애플 크림)

8 휴지를 마친 크루아상 반죽의 양옆을 칼로 잘라 정리한다.

    tip) 크루아상 반죽은 102p의 크루아상 기본 반죽 1-15의 공정을 진행한 뒤, 반죽을 90°로 회전시킨다. 그리고 60×20㎝ 크기의 직사각형으로 밀어 펴 3절 접기 1회 한 다음 -18℃ 냉동고에서 25분 동안 휴지시켜 사용한다.

9 파이롤러를 사용해 반죽을 40×34×0.6㎝ 크기의 직사각형으로 밀어 편 다음 -2℃ 냉장고에서 30분 동안 휴지시킨다.

10 파이롤러를 사용해 반죽을 80×34×0.3㎝ 크기의 직사각형이 되도록 밀어 편다.

11 반죽의 가장자리를 잘라 정리한다.

12 4.5×34㎝ 크기의 직사각형으로 자른 후(16개) 가운데를 다시 잘라 4.5×17㎝ 크기의 직사각형을 만든다.(32개)

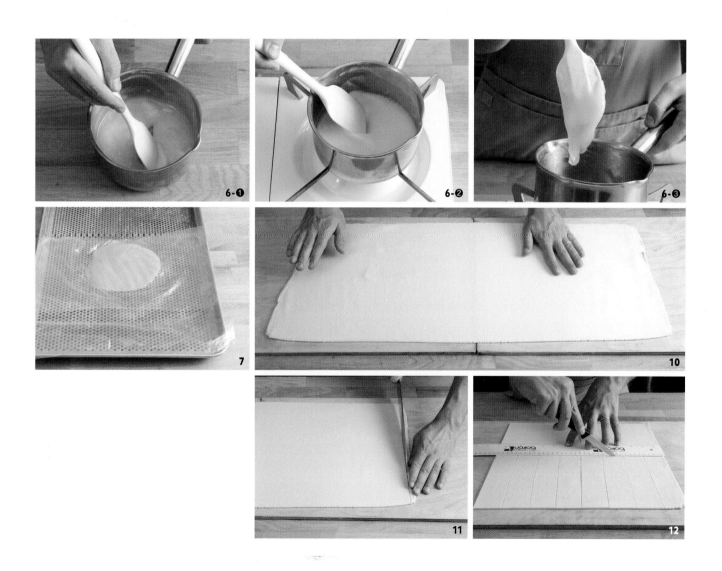

13 재단한 반죽 2개의 윗부분과 아랫부분을 겹쳐 붙인다.

14 가운데에서부터 돌돌 만 다음 아랫부분에 옆면의 반죽을 당겨 붙인다.

15 반죽을 세워 가운데에 손가락을 넣고 눌러 구멍을 만든다.

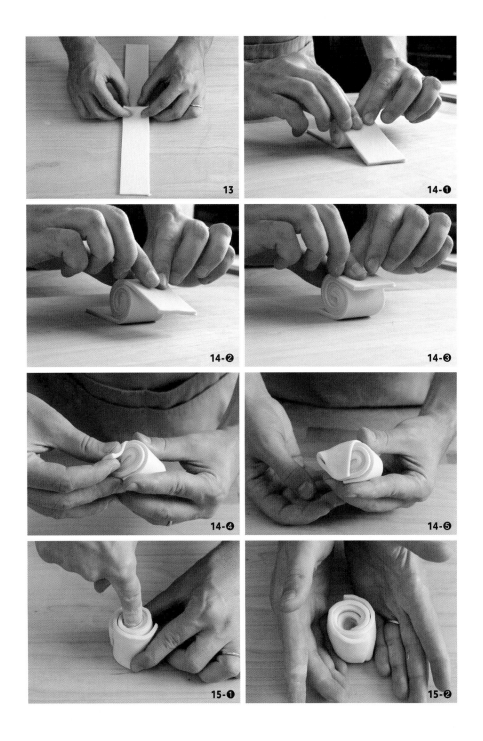

16 지름 8㎝, 높이 5㎝ 크기의 원형팬에 반죽의 결이 위를 향하게 하여 팬닝한다.

17 온도 28℃, 습도 70~80% 발효실에서 2시간 동안 2차 발효시킨다.

18 윗불 205℃, 아랫불 200℃ 데크 오븐에서 16분 동안 굽는다.

19 오븐에서 꺼내자마자 팬에서 빼 식힘망에 옮긴 뒤 시럽(분량 외)을 바르고 약 2시간 동안 완전히
식힌다.

    tip) 시럽은 설탕과 물을 1:1 비율로 섞어 끓인 것을 사용한다.

20 윗부분에 과도를 사용해 구멍을 뚫는다.

21 짤주머니 2개에 부드럽게 푼 코코넛 크림, 파인애플 크림을 각각 넣고 구멍에 코코넛 크림은
35g씩, 파인애플 크림은 10g씩 짜 넣는다.

22 구멍 윗면에 코코넛 크림을 다시 짜고 라임 제스트(분량 외)를 뿌려 장식한다.

말차 퀸아망
Kouign-Amann
Matcha

INGRÉDIENTS

말차 버터 페이스트
설탕 190g
충전용 버터 100g
소금 2g
말차 파우더 8g

말차 퀸아망
퀸아망 반죽(138p 참고) 500g
충전용 버터 100g
말차 버터 페이스트 전량

MÉTHODE DE TRAVAIL

접기	4절 접기 2회
최종 밀기	36×24×0.65㎝
재단	11㎝ 크기의 정사각형(6개)
성형	사각형
2차 발효	온도 28℃, 습도 70~80% 발효실 / 30분
굽기	컨벡션 오븐 165℃ / 32분

KOUIGN-AMANN
Matcha

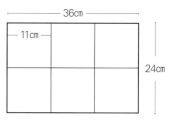

36cm

11cm

24cm

[최종 밀기]

/
FABRICATION PROCESSUS

1 믹서볼에 설탕, 13℃로 온도를 맞춘 충전용 버터, 소금, 말차 파우더를 넣고 1단에서 5분 동안 믹싱한다.

   tip) 버티컬 믹서를 사용해 페이스트 상태가 될 때까지 믹싱한다.

2 비닐로 1을 감싼 다음 밀대를 사용해 15㎝ 크기의 정사각형이 되도록 밀어 편다.

3 온도 13℃ 냉장고에서 보관한다.   말차 버터 페이스트

4 냉장 발효를 마친 퀸아망 반죽 가운데에 15㎝ 크기의 정사각형으로 밀어 편 충전용 버터(13℃)를 놓는다.

   tip) 퀸아망 반죽은 138p를 참고해 만든다.

   tip) 충전용 버터는 사용하기 30분 전에 미리 실온에 꺼내 둔다. 버터를 밀어 펼 때는 비닐로 버터를 감싼 다음 밀대로 두들기며 작업하면 편리하다.

   tip) 시트형 버터가 아닌 일반 버터로 작업할 경우 약 2℃ 정도 더 낮은 온도에서 작업하는 것이 좋다.

5 반죽의 윗부분과 아랫부분을 잘라 충전용 버터 윗면에 붙인다.

6 반죽을 90°로 회전시켜 반죽의 위아래를 밀대로 누른 뒤 반죽을 가운데에서부터 끝으로 밀어 편다.

7 파이롤러를 사용해 반죽을 65×15㎝ 크기의 직사각형이 되도록 밀어 편다.

8 반죽의 양끝을 3/4, 1/4 비율로 각각 접는다.

9 반죽 한쪽 끝에 말차 버터 페이스트를 올리고 반으로 접는다. (4절 접기 1회)

10 반죽의 가장자리를 밀대로 눌러 말차 버터 페이스트가 반죽 밖으로 나오지 않도록 한다.

11 반죽을 90°로 회전시킨 후 파이롤러를 사용해 60×15㎝ 크기의 직사각형이 되도록 밀어 편다.

12 4절 접기를 1회 한 다음 파이롤러를 사용해 36×24×0.6㎝ 크기의 직사각형이 되도록 밀어 편다. (4절 접기 2회)
   tip) 파이롤러를 사용할 때는 반죽과 비슷한 두께부터 시작해 조금씩 얇은 두께가 되도록 단계적으로 조절한다.

13 반죽의 가장자리를 잘라 정리하고 11㎝ 크기의 정사각형으로 자른다.(6개)

14 반죽의 네 귀퉁이를 가운데로 접는다.

15 지름 10㎝, 높이 5㎝ 크기의 원형팬에 성형한 반죽을 뒤집어 팬닝한다.

16 온도 28℃, 습도 70~80% 발효실에서 30분 동안 2차 발효시킨다.

17 165℃ 컨벡션 오븐에서 32분 동안 굽는다.

18 오븐에서 꺼내자마자 퀸아망을 팬에서 뺀 뒤 뒤집어서 다시 팬에 넣고 실온에서 20분 동안 둔다.
   tip) 윗면의 캐러멜화된 부분이 완전히 굳기 전 팬에서 빼 식히면 윗면이 가라앉으므로 주의한다.

19 윗면의 캐러멜화된 부분이 식으면 다시 뒤집어 유산지를 깐 타공 철팬에 옮기고 완전히 식힌다.

시나몬 퀸아망

Kouign-Amann
Cannelle

INGRÉDIENTS

시나몬 버터 페이스트
설탕 190g
충전용 버터 100g
소금 2g
시나몬 파우더 8g

시나몬 퀸아망
퀸아망 반죽(138p 참고) 500g
충전용 버터 100g
시나몬 버터 페이스트 전량

MÉTHODE DE TRAVAIL

접기	4절 접기 2회
최종 밀기	36×24×0.65㎝
재단	11㎝ 크기의 정사각형(6개)
성형	사각형
2차 발효	온도 28℃, 습도 70~80% 발효실 / 30분
굽기	컨벡션 오븐 165℃ / 32분

KOUIGN-AMANN
Cannelle

FABRICATION PROCESSUS

1 믹서볼에 설탕, 13℃로 온도를 맞춘 충전용 버터, 소금, 시나몬 파우더를 넣고 1단에서 5분 동안 믹싱한다.
  tip) 버티컬 믹서를 사용해 페이스트 상태가 될 때까지 믹싱한다.

2 비닐로 1의 버터를 감싼 다음 밀대를 사용해 15㎝ 크기의 정사각형이 되도록 밀어 편다.

3 온도 13℃ 냉장고에서 보관한다. ⟨ 시나몬 버터 페이스트 ⟩

4 냉장 발효를 마친 퀸아망 반죽 가운데에 15㎝ 크기의 정사각형으로 밀어 편 충전용 버터(13℃)를 놓는다.
  tip) 퀸아망 반죽은 138p를 참고해 만든다.
  tip) 충전용 버터는 사용하기 30분 전에 미리 실온에 꺼내 둔다. 버터를 밀어 펼 때는 비닐로 버터를 감싼 다음
   밀대로 두들기며 작업하면 편리하다.

5 반죽의 윗부분과 아랫부분을 잘라 충전용 버터 윗면에 붙인다.

6 반죽을 90°로 회전시켜 반죽의 위아래를 밀대로 누른 뒤 반죽을 가운데에서부터 끝으로 밀어 편다.

7 파이롤러를 사용해 반죽을 65×15㎝ 크기의 직사각형이 되도록 밀어 편다.

8 반죽의 양끝을 3/4, 1/4 비율로 각각 접는다.

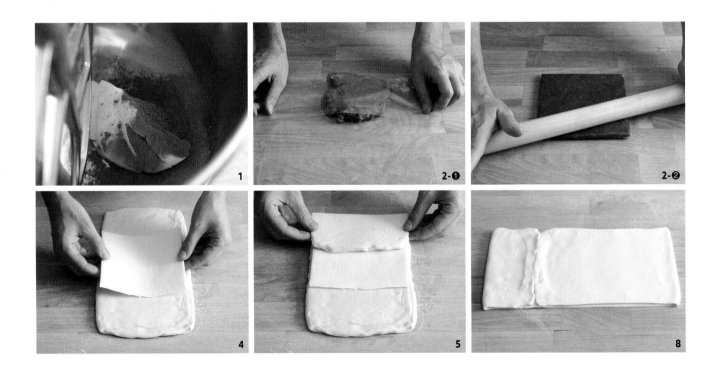

9   반죽 한쪽 끝에 시나몬 버터 페이스트를 올리고 반으로 접는다. (4절 접기 1회)

10 반죽의 가장자리를 밀대로 눌러 버터 페이스트가 반죽 밖으로 나오지 않도록 한다.

11 반죽을 90°로 회전시킨 후 파이롤러를 사용해 60×15㎝ 크기의 직사각형이 되도록 밀어 편다.

12 4절 접기를 1회 한 다음 파이롤러를 사용해 36×24×0.65㎝ 크기의 직사각형이 되도록 밀어 편다. (4절 접기 2회)
     tip) 파이롤러를 사용할 때는 반죽과 비슷한 두께부터 시작해 조금씩 얇은 두께가 되도록 단계적으로 조절한다.

13 반죽의 가장자리를 잘라 정리하고 11㎝ 크기의 정사각형으로 자른다.(6개)

14 반죽의 네 귀퉁이를 가운데로 접는다.

15 지름 10㎝, 높이 5㎝ 크기의 원형팬에 성형한 반죽을 뒤집어 팬닝한다.

16 온도 28℃, 습도 70~80% 발효실에서 30분 동안 2차 발효시킨다.

17 165℃ 컨벡션 오븐에서 32분 동안 굽는다.

18 오븐에서 꺼내자마자 퀸아망을 팬에서 뺀 뒤 뒤집어서 다시 팬에 넣고 실온에서 20분 동안 둔다.
     tip) 윗면의 캐러멜화된 부분이 완전히 굳기 전 팬에서 빼 식히면 윗면이 가라앉으므로 주의한다.

19 윗면의 캐러멜화된 부분이 식으면 다시 뒤집어 유산지를 깐 타공 철판에 옮기고 완전히 식힌다.

05

—

Les Pains au Levain

사워도 빵

사워도 빵
Pain au
Levain

INGRÉDIENTS

프랑스밀가루 500g
└ T80
프랑스밀가루 500g
└ T65
물 680g
소금 18g
리퀴드 사워도 300g
바시나주 물 120g

MÉTHODE DE TRAVAIL

기본 온도	64℃	중간 발효		실온 / 30분
오토리즈	20분	성형		바타르 모양(18㎝)
믹싱	1단 5분 → 2단 1분	2차 발효		5℃ 냉장고 / 15시간
희망 반죽 온도	25~26℃	스팀		3초
1차 발효	실온 / 3시간 15분	굽기		데크 오븐 윗불 270℃, 아랫불 270℃ 5분
펀치	2회			→ 윗불 250℃, 아랫불 235℃ 16분
분할	630g			→ 윗불 220℃, 아랫불 235℃ 14분

PAIN AU
Levain

FABRICATION PROCESSUS

1 믹서볼에 프랑스밀가루 T80, T65, 물을 넣고 가루가 보이지 않을 때까지 2분 동안 믹싱한다.
tip) 믹싱 시간은 스파이럴 믹서 기준이다. 버티컬 믹서를 사용할 경우, 반죽의 상태를 확인하면서 믹싱 시간을 더 늘린다.

2 비닐을 덮어 실온에서 20분 동안 둔다. (오토리즈)

3 소금, 리퀴드 사워도를 넣고 1단 5분, 2단 1분 동안 믹싱한다.

4 반죽의 표면이 매끄러우면서 한 덩어리가 될 때까지 믹싱한 다음 바시나주 물을 넣고 2단에서 반죽에 물이 모두 섞일 때까지 믹싱한다.
tip) 반죽에 글루텐이 생기고 점성이 있으며 반죽을 떼어 늘여 보았을 때 지문이 비치면 믹싱이 완성된 것이다.

5 오일(분량 외)을 바른 반죽통에 반죽을 넣고 실온에서 1시간 동안 1차 발효시킨다.

tip) 오일은 올리브유를 제외한 식용유 등의 식물성 유지를 사용한다.

6 반죽에 펀치를 준 뒤 실온에서 1시간 15분 동안 발효시킨다.

tip) 반죽통을 돌려가며 반죽을 아래에서 위로 가볍게 접어 펀치를 준다. 펀치가 끝나면 반죽 전체를 뒤집어 깨끗한 면이 위로 오게 한다.

7 반죽에 펀치를 다시 준 후 실온에서 1시간 동안 발효시킨다.

8 630g씩 분할해 둥글리기한다.

tip) 반죽은 스크레이퍼를 이용해 최대한 직사각형으로 분할한다.

tip) 반죽을 평평하게 펴 위아래를 겹쳐 접은 다음 뒤집어 가장자리를 안으로 넣는다는 느낌으로 가볍게 둥글리기한다.

9 나무판 위에 반죽을 일정한 간격으로 놓고 실온에서 30분 동안 중간 발효시킨다.

10 반죽을 손바닥으로 가볍게 두드려 가스를 빼고 평평하게 편 뒤 반죽의 양옆을 가운데로 겹쳐 접는다.

11 반죽의 위에서부터 아래로 말면서 접어 18㎝ 길이의 바타르 모양이 되도록 성형한다.

12 면포를 깐 23×14.5×8.5㎝ 크기의 반통*에 반죽을 이음매가 위를 향하게 하여 넣는다.

* 반통(Banneton)
버드나무 가지, 등나무 등 나무 소재를 짜 맞춘 광주리. 최근에는 편의성을 위해 플라스틱, 천연 펄프 등으로 제작되기도 한다. 반통 안쪽에 거즈 등의 면포를 깔고 성형한 반죽을 넣어 2차 발효시킬 때 사용한다. 주로 하드 브레드를 만들 때 필요하며 형태와 크기가 다양하다. 때때로 반죽의 표면이 마르지 않도록 반통을 서랍식 건조 발효실(파리지앵)에 넣어 발효시키기도 한다.

13 5℃ 냉장고에서 15시간 동안 2차 발효시킨다.

14 테프론 시트를 깐 나무판에 반죽을 이음매가 아래를 향하도록 하여 일정한 간격으로 놓는다.

15 윗면에 덧가루(분량 외)를 뿌리고 한쪽에 사선으로 쿠프를 2줄 넣은 다음 가운데에 세로로 길게 쿠프를 1개 넣는다.

　　tip) 덧가루는 프랑스밀가루(T65)를 사용한다.

16 윗불 270℃, 아랫불 270℃ 데크 오븐에서 3초 동안 스팀을 분사한 뒤 5분 동안 굽는다.

17 오븐의 온도를 윗불 250℃, 아랫불 235℃로 낮춰 16분 동안 구운 후 오븐의 온도를 윗불 220℃, 아랫불 235℃로 더 낮춰 14분 동안 굽는다.

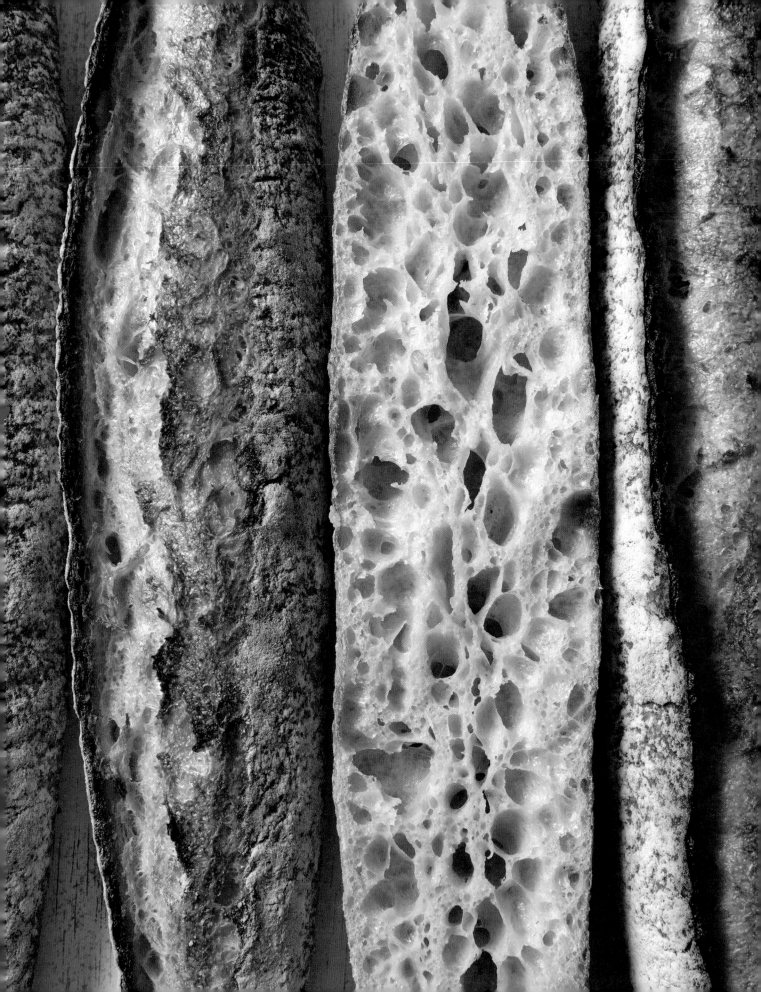

사워도 바게트
Baguette au
Levain

INGRÉDIENTS

프랑스밀가루 1000g
└ T65 트래디션
물 630g
소금 18g
리퀴드 사워도 350g
바시나주 물 120g

MÉTHODE DE TRAVAIL

기본 온도	60℃	분할	300g
오토리즈	30분~1시간	예비 성형	타원형(16㎝)
믹싱	1단 5분 → 2단 1분	중간 발효	실온 / 30~40분
희망 반죽 온도	25~27℃	성형	바게트 모양(40㎝)
1차 발효	실온 / 2시간	2차 발효	실온 / 45분
펀치	1회	스팀	3초
냉장 발효	4℃ 냉장고 / 15시간	굽기	데크 오븐 윗불 270℃, 아랫불 270℃ / 20분

BAGUETTE AU
Levain

FABRICATION PROCESSUS

1   믹서볼에 프랑스밀가루, 물을 넣고 가루가 보이지 않을 때까지 2분 동안 믹싱한다.
    tip) 믹싱 시간은 스파이럴 믹서 기준이다. 버티컬 믹서를 사용할 경우, 반죽의 상태를 확인하면서 믹싱 시간을 더 늘린다.

2   비닐을 덮어 실온에서 약 30분~1시간 동안 둔다. (오토리즈)

3   소금, 리퀴드 사워도를 넣고 1단 5분, 2단 1분 동안 믹싱한다.

4   반죽의 표면이 매끄러우면서 한 덩어리가 될 때까지 믹싱한 다음 바시나주 물을 넣고 2단에서 반죽에 물이 모두
    섞일 때까지 믹싱한다.
    tip) 반죽에 글루텐이 생기고 점성이 있으며 반죽을 떼어 늘여 보았을 때 지문이 비치면 믹싱이 완성된 것이다.

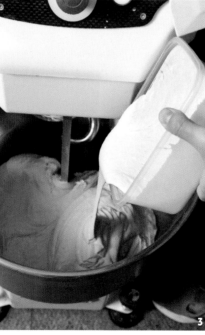
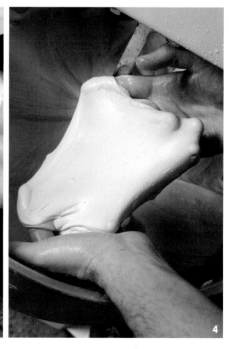

5 오일(분량 외)을 바른 반죽통에 반죽을 넣고 실온에서 2시간 동안 1차 발효시킨다.

 tip) 오일은 올리브유를 제외한 식용유 등의 식물성 유지를 사용한다.

6 반죽에 펀치를 준 후 4℃ 냉장고에서 15시간 동안 냉장 발효시킨다.

 tip) 냉장 발효는 반죽의 상태를 확인해 12~24시간 이내로 진행한다.

7 실온에서 반죽의 온도가 6~8℃가 될 때까지 30분~1시간 동안 둔다.

8 300g씩 분할한 다음 반죽의 표면을 가볍게 두드려 가스를 빼고 말면서 접어 16㎝ 길이의 타원형이 되도록 예비 성형한다.

 tip) 반죽은 스크레이퍼를 이용해 최대한 직사각형으로 분할한다.

 tip) 이음매 부분을 손바닥 끝으로 눌러 정리한다.

9 나무판에 반죽을 일정한 간격으로 놓고 반죽의 온도가 16℃가 될 때까지 실온에서 30~40분 동안 중간 발효시킨다.

10 반죽의 표면을 손바닥으로 가볍게 두드려 가스를 빼고 평평하게 편다.

11 위에서부터 아래로 말면서 접어 40㎝ 길이의 바게트 모양이 되도록 성형한다.

    tip) 엄지손가락을 이용해 반죽을 위에서 아래의 안으로 밀어 넣으면서 접고, 다른 한 손의 손바닥 끝으로 접은 반죽을 눌러 가며 이음매를 정리한다. 성형이 끝나면 양끝이 점점 얇아지도록 반죽을 가운데에서 양끝으로 가볍게 밀어 모양을 잡는다.

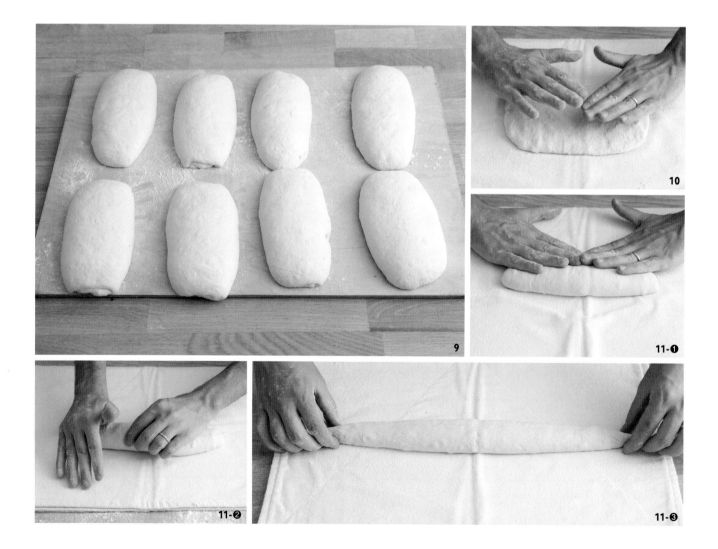

12 나무판에 천을 깔고 반죽을 이음매가 위를 향하도록 하여 놓은 뒤 실온에서 45분 동안 2차 발효시킨다.

tip) 천을 일정한 간격으로 접으면서 반죽을 놓는다.

13 테프론 시트를 깐 나무판에 반죽을 이음매가 아래를 향하도록 하여 일정한 간격으로 놓는다.

14 윗면에 덧가루(분량 외)를 뿌리고 세로로 길게 쿠프를 1개 넣는다.

tip) 덧가루는 프랑스밀가루(T65)를 사용한다.

15 윗불 270℃, 아랫불 270℃ 데크 오븐에서 3초 동안 스팀을 분사한 후 20분 동안 굽는다.

tip) 스팀을 알맞게 넣으면 크러스트가 얇고 윤기 나는 바게트를 완성할 수 있다.

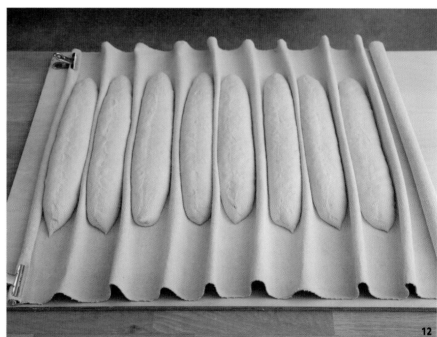

12

14-❶

14-❷

15

사워도 캉파뉴

Campagne au
Levain

INGRÉDIENTS

프랑스밀가루 800g
ㄴ T65 트래디션
통밀 가루 200g
ㄴ T150
물 700g
소금 18g
리퀴드 사워도 350g
바시나주 물 120g

MÉTHODE DE TRAVAIL

기본 온도	60℃	분할		370g
오토리즈	30분	중간 발효		실온 / 45분
믹싱	1단 5분 → 2단 1분	성형		직사각형
희망 반죽 온도	25~26℃	2차 발효		실온 / 45분
1차 발효	실온 / 2시간 30분	스팀		3초
펀치	2회	굽기	데크 오븐 윗불 250℃, 아랫불 250℃ / 32분	
냉장 발효	3℃ / 15시간			

CAMPAGNE AU
Levain

FABRICATION PROCESSUS

1   믹서볼에 프랑스밀가루, 통밀 가루, 물을 넣고 가루가 보이지 않을 때까지 2분 동안 믹싱한다.

    tip) 믹싱 시간은 스파이럴 믹서 기준이다.

2   비닐을 덮어 실온에서 30분 동안 둔다. (오토리즈)

3   바시나주 물을 제외한 모든 재료를 넣고 1단 5분, 2단 1분 동안 믹싱한다.

4   반죽의 표면이 매끄러우면서 한 덩어리가 되면 바시나주 물을 넣고 2단에서 반죽에 물이 모두 섞일 때까지 믹싱한다.

    tip) 반죽에 글루텐이 생기고 점성이 있으며 반죽을 떼어 늘여 보았을 때 지문이 비치면 믹싱이 완성된 것이다.

5   오일(분량 외)을 바른 반죽통에 반죽을 넣고 실온에서 1시간 동안 1차 발효시킨다.

    tip) 오일은 올리브유를 제외한 식용유 등의 식물성 유지를 사용한다.

6   반죽에 펀치를 준 다음 실온에서 1시간 30분 동안 발효시킨다.

7   반죽에 다시 펀치를 준 뒤 3℃ 냉장고에서 15시간 동안 냉장 발효시킨다.

8   실온에서 반죽의 온도가 6~8℃가 될 때까지 30분~1시간 동안 둔다.

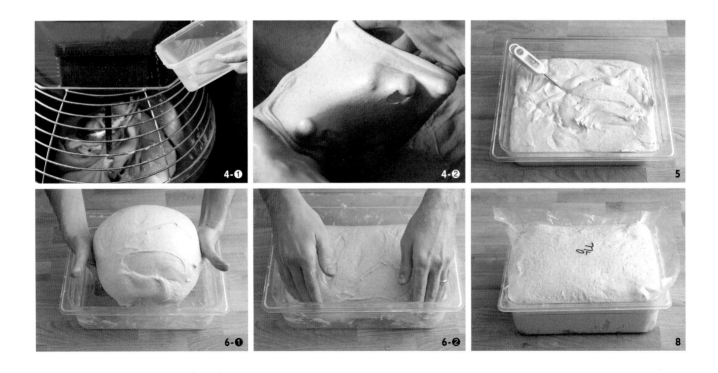

9 370g씩 분할하고 둥글리기한다.

tip 반죽은 스크레이퍼를 이용해 최대한 직사각형으로 분할한다.

tip 둥글리기할 때는 반죽을 위에서부터 아래로 말면서 접은 후 양손으로 반죽을 감싸고 반죽의 가장자리 부분을 안으로 넣어준다는 느낌으로 둥글리기한다.

10 나무판에 반죽을 일정한 간격으로 놓고 실온에서 45분 동안 중간 발효시킨다.

11 반죽의 표면을 가볍게 두드려 가스를 뺀 다음 평평하게 펴 위아래를 겹쳐 접는다.

12 나무판에 천을 깔고 반죽을 이음매가 위를 향하도록 하여 놓는다.

tip) 천을 일정한 간격으로 접으면서 반죽을 놓는다.

13 실온에서 45분 동안 2차 발효시킨다.

14 나무판에 테프론 시트를 깔고 반죽을 이음매가 아래를 향하도록 하여 일정한 간격으로 놓는다.

15 윗면에 격자무늬로 쿠프를 넣는다.

16 윗불 250℃, 아랫불 250℃ 데크 오븐에서 3초 동안 스팀을 분사한 뒤 32분 동안 굽는다.

9

10

11-❶

11-❷

11-❸

12

13

14

15

16

사워도 통밀빵
Pain Complet au
Levain

INGRÉDIENTS

통밀 가루 1000g
물 830g
소금 18g
리퀴드 사위도 300g
바시나수 불 150g

MÉTHODE DE TRAVAIL

기본 온도	64℃	중간 발효	실온 / 20분
오토리즈	20분	성형	바타르 모양(18㎝)
믹싱	1단 5분 → 2단 1분	2차 발효	5℃ 냉장고 / 15시간
희망 반죽 온도	25~26℃	스팀	3초
1차 발효	실온 / 3시간 30분	굽기	데크 오븐 윗불 270℃, 아랫불 270℃ 5분
펀치	2회		→ 윗불 250℃, 아랫불 250℃ 16분
분할	615g		→ 윗불 220℃, 아랫불 235℃ 14분

PAIN COMPLET AU
Levain

/
FABRICATION PROCESSUS

1 믹서볼에 통밀 가루, 물을 넣고 가루가 보이지 않을 때까지 2분 동안 믹싱한다.

   tip) 믹싱 시간은 스파이럴 믹서 기준이다. 버티컬 믹서를 사용할 경우, 반죽의 상태를 확인하면서 믹싱 시간을 더 늘린다.

2 비닐을 덮어 실온에서 20분 동안 둔다. (오토리즈)

3 소금, 리퀴드 사워도를 넣고 1단 5분, 2단 1분 동안 믹싱한다.

4 반죽의 표면이 매끄러우면서 한 덩어리가 될 때까지 믹싱한 다음 바시나주 물을 넣고 2단에서 반죽에 물이 모두 섞일 때까지 믹싱한다.

   tip) 반죽 표면이 매끄럽고 탄력이 생기면 믹싱이 완성된 것이다.

5 오일(분량 외)을 바른 반죽통에 반죽을 넣고 실온에서 1시간 동안 1차 발효시킨다.

   tip) 오일은 올리브유를 제외한 식용유 등의 식물성 유지를 사용한다.

6 반죽에 펀치를 준 뒤 실온에서 1시간 30분 동안 발효시킨다.

7 반죽에 다시 펀치를 준 후 실온에서 1시간 동안 발효시킨다.

8 615g씩 분할하고 둥글리기한다.

   tip) 반죽은 스크레이퍼를 이용해 최대한 직사각형으로 분할한다.

   tip) 반죽을 손바닥으로 평평하게 펴 아랫부분과 윗부분을 가운데로 접은 다음 뒤집어 양손으로 반죽을 감싸고 반죽의 가장자리 부분을 안으로 넣어준다는 느낌으로 둥글리기한다.

9 나무판에 반죽을 일정한 간격으로 놓고 실온에서 20분 동안 중간 발효시킨다.

10 반죽의 표면을 손바닥으로 가볍게 두드려
가스를 빼고 평평하게 만든다.

11 반죽의 양옆을 가운데로 겹쳐 접는다.

12 위에서부터 아래로 말면서 접는다.
tip) 접을 때마다 손바닥 끝으로 눌러가며
접는다.

13 이음매를 손바닥 끝으로 눌러 정리한
뒤 18㎝ 길이의 바타르 모양이 되도록
성형한다.

14 면포를 깐 23×14.5×8.5㎝ 크기의
반통에 반죽을 이음매가 위를 향하게
하여 넣는다.

15 온도 5℃ 냉장고에서 15시간 동안 2차
발효시킨다.

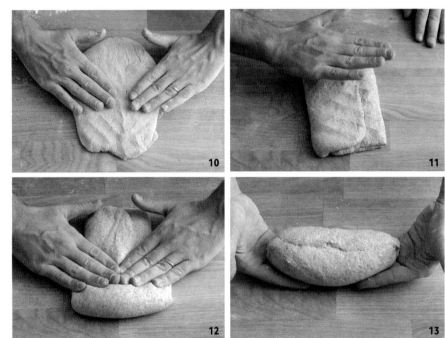

16 테프론 시트를 깐 나무판에 반죽을 이음매가 아래를 향하도록 하여 일정한 간격으로 놓는다.

17 윗면에 덧가루(분량 외)를 뿌리고 세로로 길게 쿠프를 2개 넣은 후 그 가운데에 사선으로 쿠프를 이어 넣는다.

tip) 덧가루는 프랑스밀가루(T65)를 사용한다.

18 윗불 270℃, 아랫불 270℃ 데크 오븐에서 3초 동안 스팀을 분사한 다음 5분 동안 굽는다.

19 오븐의 온도를 윗불 250℃, 아랫불 250℃로 낮춰 16분 동안 구운 뒤 오븐의 온도를 윗불 220℃, 아랫불 235℃로 다시 낮춰 14분 동안 굽는다.

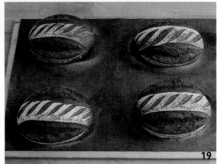

투르트 드 세이글
Tourte de
Seigle

INGRÉDIENTS

호밀 가루 930g
└ T130
물(60℃) 870g
소금 28g
스티프 사워도 425g
리퀴드 사워도 425g

MÉTHODE DE TRAVAIL

믹싱	1단 6분	2차 발효	실온 / 30분
희망 반죽 온도	30~35℃	스팀	4초
1차 발효	실온 / 1시간	굽기	데크 오븐 윗불 270℃, 아랫불 270℃ 15분
분할	900g		→ 윗불 250℃, 아랫불 250℃ 10분
성형	원형		→ 윗불 250℃, 아랫불 230℃ 20분 → 오븐 끄고 15분

TOURTE DE
Seigle

1. 믹서볼에 모든 재료를 넣고 1단에서 6분 동안 믹싱한다.

   tip) 물과 사워도가 직접적으로 닿지 않도록 믹서볼에 물, 호밀 가루, 소금, 스티프 사워도, 리퀴드 사워도의 순서대로 넣는다.

   tip) 믹싱 시간은 버티컬 믹서 기준이다. 호밀 가루는 글루텐이 잘 생성되지 않기 때문에 믹서볼의 크기가 넓은 스파이럴 믹서보다는 믹서볼의 크기가 상대적으로 좁은 버티컬 믹서로 믹싱하는 것이 더 적합하다.

2. 볼에 반죽을 옮겨 비닐을 덮은 다음 실온에서 1시간 동안 1차 발효시킨다.

   tip) 호밀 가루는 발효가 더디게 진행되므로 넓은 반죽통보다는 좁은 볼에서 발효하는 것이 더 좋다.

3. 윗면에 덧가루(분량 외)를 뿌리고 900g씩 분할한다.

   tip) 덧가루는 프랑스밀가루(T65)를 사용한다.

   tip) 반죽은 스크레이퍼를 이용해 최대한 직사각형으로 분할한다.

4. 볼에 면포를 깔고 덧가루(분량 외)를 뿌린다.

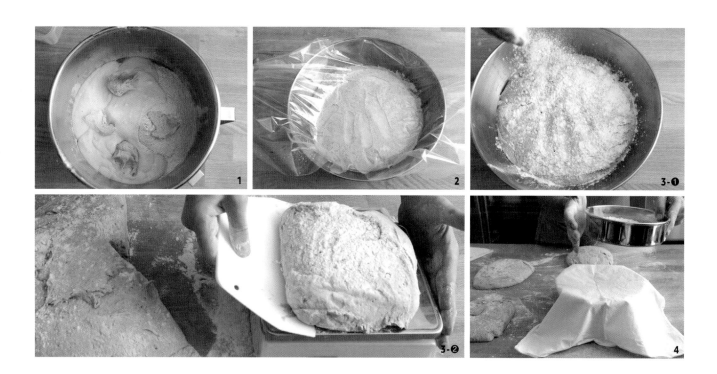

5 반죽의 위아래를 가운데로 접은 뒤 뒤집고 조심스럽게 둥글려 원형으로 성형한다.

6 4에 반죽을 이음매가 아래를 향하게 하여 넣는다.

7 실온에서 30분 동안 2차 발효시킨다.

8 나무판에 테프론 시트를 깔고 발효를 마친 반죽을 이음매가 위를 향하게 하여 일정한 간격으로
  놓는다.

9 윗불 270℃, 아랫불 270℃ 데크 오븐에서 스팀을 4초 동안 분사한 후 15분 동안 굽는다.

10 오븐의 온도를 윗불 250℃, 아랫불 250℃로 낮춰 10분 동안 구운 뒤 오븐의 온도를 윗불 250℃,
   아랫불 230℃로 다시 낮춰 20분 동안 굽는다.

11 오븐을 끄고 15분 동안 더 굽는다.

사워도 치아바타
Ciabatta au *Levain*

INGRÉDIENTS

파네토네 밀가루 1000g
물 680g
소금 18g
리퀴드 사워도 300g
바시나주 물 180g
올리브 오일 70g

MÉTHODE DE TRAVAIL

기본 온도	56℃	예비 성형	직사각형(30×48cm)
오토리즈	1시간	중간 발효	실온 / 1시간
믹싱	1단 5분 → 2단 4분	재단	12×30cm 크기의 직사각형(약 550g)
희망 반죽 온도	23~24℃	2차 발효	실온 / 30분
1차 발효	실온 / 3시간	스팀	3초
펀치	2회	굽기	데크 오븐 윗불 270℃, 아랫불 270℃ / 20분
냉장 발효	4℃ / 15시간		

CIABATTA AU
Levain

1 믹서볼에 파네토네 밀가루, 물을 넣고 가루가 보이지 않을 때까지 2분 동안 믹싱한다.

    tip) 파네토네 밀가루는 일반 강력분에 비해 단백질 함량이 높다.

    tip) 믹싱 시간은 스파이럴 믹서 기준이다.

2 비닐을 덮어 실온에서 1시간 동안 둔다. (오토리즈)

3 소금, 리퀴드 사워도를 넣고 1단 5분, 2단 4분 동안 믹싱한다.

4 반죽의 표면이 매끄러우면서 한 덩어리가 될 때까지 믹싱한 다음 바시나주 물과 올리브 오일을 넣고 2단에서 반죽에 물과 오일이 모두 섞일 때까지 믹싱한다.

    tip) 반죽에 글루텐이 생기고 점성이 있으며 반죽을 떼어 늘여 보았을 때 지문이 비치면 믹싱이 완성된 것이다.

5 오일(분량 외)을 바른 반죽통에 반죽을 넣고 실온에서 1시간 30분 동안 1차 발효시킨다.

6 반죽에 펀치를 준 뒤 실온에서 1시간 30분 동안 발효시킨다.

    tip) 반죽통을 돌려가며 반죽을 아래에서 위로 가볍게 접어 펀치를 준다. 펀치 작업이 끝나면 반죽 전체를 뒤집어 깨끗한 면이 위로 오게 한다.

7 반죽에 다시 펀치를 주고 4℃ 냉장고에서 15시간 동안 냉장 발효시킨다.

    tip) 냉장 발효는 반죽의 상태를 확인해 12~24시간 이내로 진행한다.

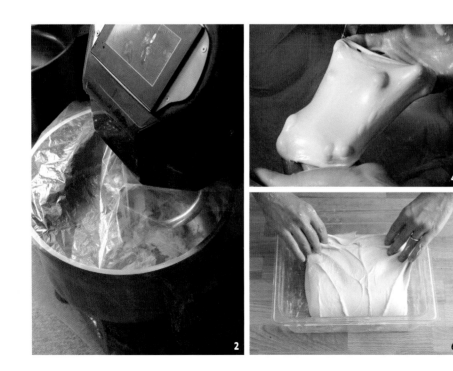

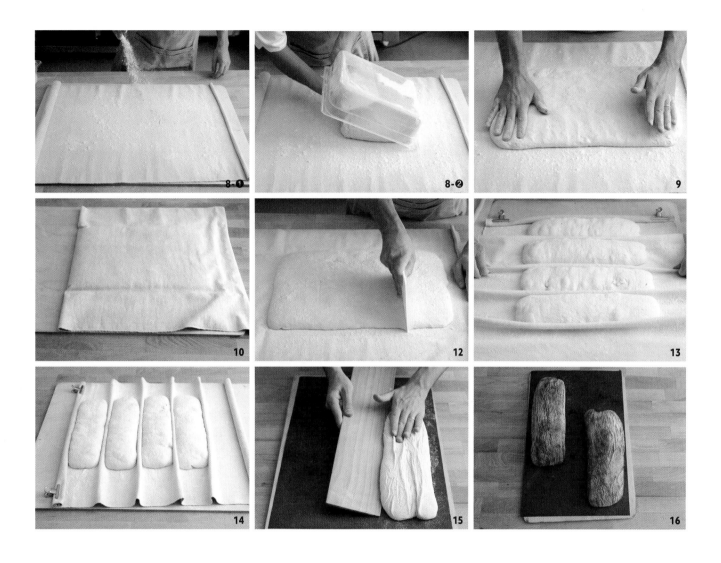

8   천에 덧가루(분량 외)를 뿌린 다음 냉장 발효를 마친 반죽을 옮긴다.
    tip) 덧가루는 쌀가루, 강력분, 폴렌타 가루를 1:1:1 비율로 섞어 사용한다.
9   반죽을 가볍게 두드려 가스를 빼고 30×48㎝ 크기의 직사각형이 되도록 늘인다.
10 천으로 덮어 실온에서 1시간 동안 중간 발효시킨다.
11 가장자리를 잘라 반듯한 직사각형이 되도록 한다.
12 12×30㎝ 크기의 직사각형으로 자른다.(4개)
13 천에 하나씩 옮긴다.
    tip) 천을 일정한 간격으로 접으면서 반죽을 놓는다.
    tip) 반죽을 옮기면 반죽의 가장자리가 둥글면서 자연스럽게 주름진 모양이 된다.
14 실온에서 30분 동안 2차 발효시킨다.
15 테프론 시트를 깐 나무판에 반죽의 아랫부분이 위를 향하도록 하여 일정한 간격으로 놓는다.
    tip) 나무판 조각을 사용해 반죽을 옮기면 수월하다.
16 윗불 270℃, 아랫불 270℃ 데크 오븐에서 3초 동안 스팀을 분사한 뒤 20분 동안 굽는다.

호두 크랜베리 사워도 빵
Pain au Levain
Noix Cranberries

INGRÉDIENTS

프랑스밀가루 900g	소금 18g
└ T80 스톤	스티프 사워도 350g
호밀 가루 100g	바시나주 물 150g
└ T150	호두(전처리한 것) 275g
물 750g	크랜베리 125g

MÉTHODE DE TRAVAIL

기본 온도	64℃	중간 발효	실온 / 30분
오토리즈	20분	성형	바타르 모양(18cm)
믹싱	1단 5분 → 2단 1분	2차 발효	5℃ 냉장고 / 15시간
희망 반죽 온도	25~26℃	스팀	3초
1차 발효	실온 / 3시간 30분	굽기	데크 오븐 윗불 270℃, 아랫불 270℃ 5분
펀치	2회		→ 윗불 250℃, 아랫불 235℃ 16분
분할	660g		→ 윗불 220℃, 아랫불 235℃ 14분

PAIN AU LEVAIN
Noix Cranberries

FABRICATION PROCESSUS

1 믹서볼에 프랑스밀가루, 호밀 가루, 물을 넣고 가루가 보이지 않을 때까지 2분 동안
  믹싱한다.
  tip) 믹싱 시간은 스파이럴 믹서 기준이다.

2 비닐을 덮어 실온에서 20분 동안 둔다. (오토리즈)

3 소금, 스티프 사워도를 넣고 1단 5분, 2단 1분 동안 믹싱한다.

4 반죽의 표면이 매끄러우면서 한 덩어리가 되면 바시나주 물을 넣고 2단에서 반죽에 물이
  모두 섞일 때까지 믹싱한다.

5 호두, 크랜베리를 넣고 1단에서 반죽에 재료들이 고루 섞일 때까지 믹싱한다.
  tip) 호두는 호두 200g을 170℃ 오븐에서 8분 동안 구운 다음 볼에 물 400g과 함께 섞어
  냉장고에서 12시간 동안 불리고 사용하기 전 물기를 제거해 사용한다.
  tip) 반죽에 글루텐이 생기고 점성이 있으며 반죽을 떼어 늘여 보았을 때 지문이 비치면
  믹싱이 완성된 것이다.

6 오일(분량 외)을 바른 반죽통에 반죽을 넣고 실온에서 1시간 동안 1차 발효시킨다.
  tip) 오일은 올리브유를 제외한 식용유 등의 식물성 유지를 사용한다.

7 반죽에 펀치를 준 뒤 실온에서 1시간 30분 동안 발효시킨다.

8 반죽에 다시 펀치를 준 후 실온에서 1시간 동안 발효시킨다.

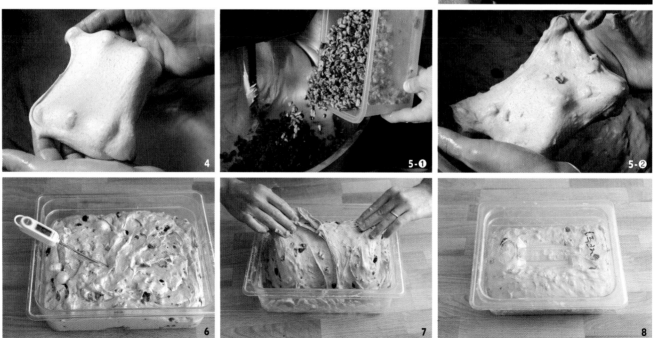

9 660g씩 분할하고 둥글리기한다.

    tip) 반죽은 스크레이퍼를 이용해 최대한 직사각형으로 분할한다.

    tip) 반죽의 위아래를 가운데로 접은 다음 뒤집어 반죽의 가장자리 부분을 안으로 넣어준다는 느낌으로 둥글리기한다.

10 나무판에 반죽을 일정한 간격으로 놓고 실온에서 30분 동안 중간 발효시킨다.

11 반죽을 손바닥으로 가볍게 두드려 가스를 뺀 뒤 평평하게 펴 반죽의 양옆을 가운데로 겹쳐 접는다.

12 반죽의 위에서부터 아래로 말면서 접어 18㎝ 길이의 바타르 모양이 되도록 성형한다.

13 면포를 깐 23×14.5×8.5㎝ 크기의 반통에 반죽을 이음매가 위를 향하게 하여 넣는다.

14 온도 5℃ 냉장고에서 15시간 동안 2차 발효시킨다.

15 테프론 시트를 깐 나무판에 반죽을 이음매가 아래를 향하도록 하여 일정한 간격으로 놓는다.

16 윗면에 덧가루(분량 외)를 뿌리고 사선으로 쿠프 4개를 교차시켜 넣어 다이아몬드 모양을 만든다.

    tip) 덧가루는 프랑스밀가루(T65)를 사용한다.

17 윗불 270℃, 아랫불 270℃ 데크 오븐에서 3초 동안 스팀을 분사한 뒤 5분 동안 굽는다.

18 오븐의 온도를 윗불 250℃, 아랫불 235℃로 낮춰 16분 동안 구운 후 오븐의 온도를
윗불 220℃, 아랫불 235℃로 다시 낮춰 14분 동안 굽는다.

건포도 무화과 호밀빵
Pain de Seigle
Raisin Figue

INGRÉDIENTS

건포도 무화과 전처리
레드 와인 350g
설탕 90g
시나몬 파우더 3g
건무화과 500g
건포도 500g

건포도 무화과 호밀빵
호밀 가루 1000g
ㄴ T130
물(60℃) 900g
소금 25g
리퀴드 사워도 800g
건포도 무화과 전처리 1200g

MÉTHODE DE TRAVAIL

믹싱	1단 6분 → 1단 2분	2차 발효	온도 28℃, 습도 80% 발효실 / 1시간
희망 반죽 온도	30~35℃	스팀	3초
1차 발효	온도 28℃, 습도 80% 발효실 / 1시간 30분	굽기	데크 오븐 윗불 250℃, 아랫불 250℃ 35분
분할	550g		→ 윗불 200℃, 아랫불 200℃ 20분
성형	직사각형(15×7.5㎝)		

PAIN DE SEIGLE
Raisin Figue

/
FABRICATION PROCESSUS

1 냄비에 레드 와인, 설탕, 시나몬 파우더를 넣고 끓인다.

2 건무화과를 넣고 5분 동안 끓인다.

3 불에서 내려 체에 거른 다음 용기에 옮겨 식히고 냉장고에서 보관한다.

4 체에 거른 레드 와인에 건포도를 넣고 냉장고에서 하룻밤 정도 절인다. (건포도 무화과 전처리)

5 믹서볼에 건포도 무화과 전처리를 제외한 모든 재료를 넣고 1단에서 6분 동안 믹싱한다.

  tip) 물과 사워도가 직접 닿지 않도록 믹서볼에 재료를 물, 호밀 가루, 소금, 리퀴드 사워도의 순서로 넣는다.

  tip) 믹싱 시간은 버티컬 믹서 기준이다.

6 건포도 무화과 전처리를 넣고 반죽에 고루 섞일 때까지 1단에서 2분 동안 믹싱한다.

  tip) 모든 재료가 고루 잘 섞이면 믹싱을 끝낸다.

7 비닐을 덮은 뒤 온도 28℃, 습도 80% 발효실에서 1시간 30분 동안 1차 발효시킨다.

8 550g씩 분할해 15×7.5×6.5㎝ 크기의 직사각형팬에 팬닝한다.

9 팬에 반죽이 고루 팬닝될 수 있도록 물을 묻힌 손가락으로 반죽의 윗면을 눌러 정리한다.

10 온도 28℃, 습도 80% 발효실에서 1시간 동안 2차 발효시킨다.

11 윗면에 덧가루(분량 외)를 뿌린다.

   tip) 덧가루는 프랑스밀가루(T65)를 사용한다.

12 윗면에 스크레이퍼를 사용해 X자 모양으로 찍는다.

13 윗불 250℃, 아랫불 250℃ 데크 오븐에서 3초 동안 스팀을 분사한 후 35분 동안 굽는다.

14 오븐의 온도를 윗불 200℃, 아랫불 200℃로 낮춰 20분 동안 더 굽는다.

15 오븐에서 꺼내자마자 팬에서 빼 식힘망에 옮기고 완전히 식힌다.